冈本启子呵护篇

一周就能钩好的亲肤宝宝装（0~24个月）

每一针都倾注着爱意

（日）冈本启子 著

盛 莉 译

作者的话

钩针编织宝宝装是最珍贵的礼物。

宝宝诞生了，多希望给宝宝穿上自己亲手编织的充满爱意的衣服啊！本书中推荐的宝宝装不仅对宝宝幼嫩的皮肤毫无刺激，也非常方便宝宝活动，颜色漂亮，便于穿脱，对宝宝而言是最合适不过的了。

当然也是宝宝穿的第一件美美的衣服哦！简约大方与方便实用并重，在此基础上我们还考虑到时代特点与流行趋势，加入了各种时尚元素。对设计者而言，心中想着“给什么样的宝宝穿这件衣服呢”，就会激起自己的创造力。我们将这种想法融入钩针编织宝宝装的设计中，并通过此书为您倾情奉上。

河南科学技术出版社

·郑州·

目 录

A

B

A

B

A

B

A

B

A

B

C

D

A

B

A

B

A

B

A

B

A
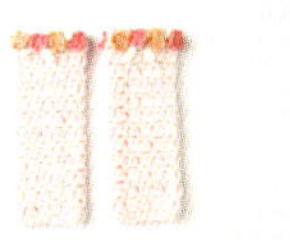

B

A

B

A

B

C

A

B

图书在版编目（CIP）数据

冈本启子呵护篇：一周就能钩好的亲肤宝宝装：0～24个月/（日）冈本启子著；盛莉译.—郑州：河南科学技术出版社，2014.10
ISBN 978-7-5349-6981-2

Ⅰ.①冈… Ⅱ.①冈… ②盛… Ⅲ.①童服-钩针-手工编织-图集 Ⅳ.①TS941.763.1-64

中国版本图书馆CIP数据核字（2014）第118196号

出版发行：河南科学技术出版社
地址：郑州市经五路66号 邮编：450002
电话：（0371）65737028 65788613
网址：www.hnstp.cn
策划编辑：李 洁
责任编辑：孟凡晓
责任校对：张小玲
责任印制：张艳芳
印 刷：北京盛通印刷股份有限公司
经 销：全国新华书店
幅面尺寸：210 mm×257 mm 印张：4 字数：100千字
版 次：2014年10月第1版 2014年10月第1次印刷
定 价：29.80元

要点详解

宝宝小礼服

作品…p.8　编织方法…p.10

连接肩部（挑针缝订缝）

针目与针目的订缝

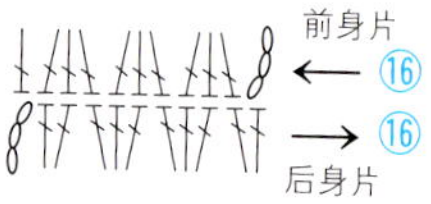

1 正面朝上，将前、后身片的肩部对齐，从后身片端头的针目开始穿线，在前身片端头的针目入针，重复两遍，固定端头的针目。

2 从后身片长针的头针处入针，再从下一针长针的头针处出针。

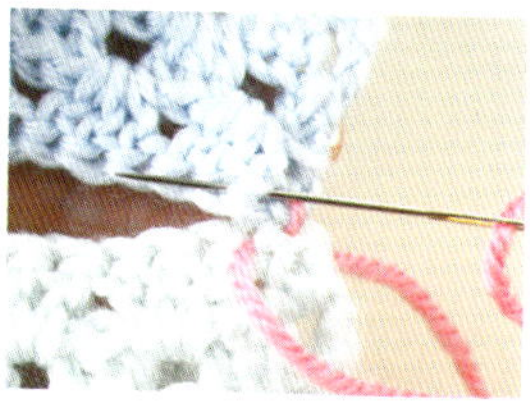

3 同样从前身片长针的头针处入针，再从下一针长针的头针处出针。

4 从步骤2中出针的针目入针，重复步骤2和步骤3，直至全部连接。连接终点时与开始时一样，端头的针目要渡线2次加以固定。

缝合袖子（挑针缝接缝）

行与行的接缝

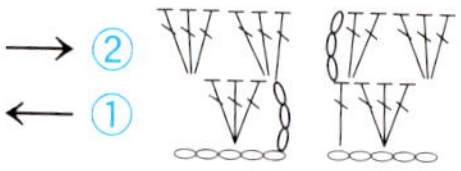

1 正面朝上，将袖子下方对齐，从下侧的针目（请参见右下图片）穿入缝线。在上侧的起针完成处入针。

2 返回到下侧，挑起立起的锁针。

3 挑起上侧第1行长针的针柱。

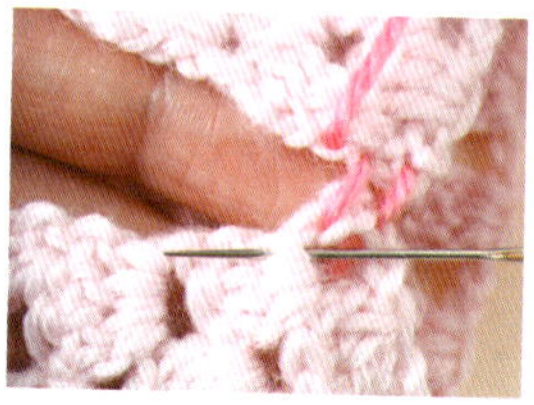

4 挑起下侧第1行立起的第3针锁针。

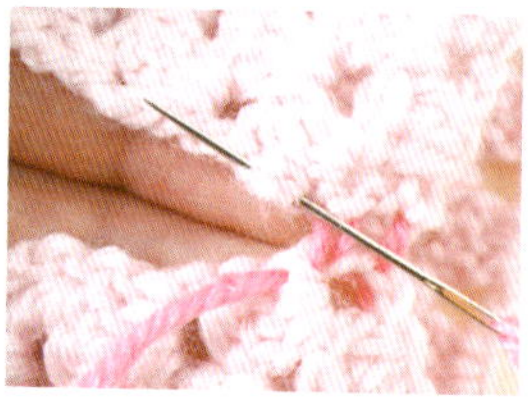

5 将上侧第1行长针的头针挑起。

6 参见步骤2~5，将立起的锁针（另一侧是长针的针柱）、每行长针的头针（另一侧为立起的第3针锁针）挑起缝合。图为缝合至第20行的状态。缝合终点的针目需渡线2次加以固定。

线头的处理

7 处理一下线头即完成袖子的缝合。

接袖方法（挑针缝订缝）

行与针目的订缝

连接袖子与身片

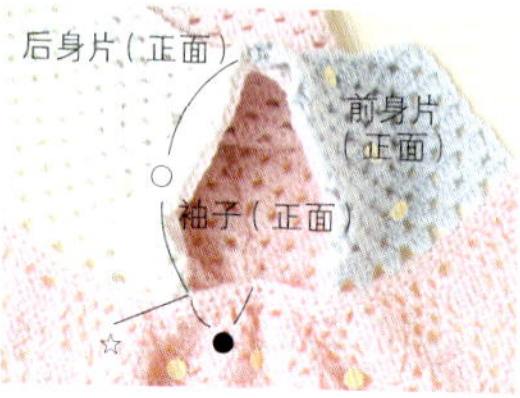

1 在身片袖窿处插入袖子，正面朝外。将肩线与袖山中心，胁线与袖子的缝线，袖幅的顶端与身片袖窿的角（☆）对齐，用珠针固定，间距密一些。

●标记处的挑针缝订缝

2 在身片的胁线穿入缝线，袖子部分从行开始，将顶端的长针或立起的锁针挑起，身片部分则从针目开始，将短针的头针挑起。

3 重复步骤2，并将其缝合。

○标记处的挑针缝订缝

4 身片部分从行开始，将顶端的长针或立起的锁针挑起，袖子则从针目开始，将长针的头针挑起后再缝合。

5 图为缝合至肩线的状态。剩余部分以相同方法缝合。

小抱毯

作品…p.20　编织方法…p.22

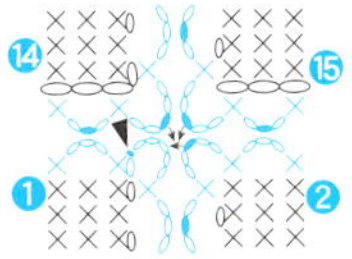

花片的连接方法（引拔针）

1 花片❶完成后，将花片❷一直织到连接花片的位置，在要连接的花片的锁针线圈内入针。

2 针上挂线，按照箭头方向引拔连接。

3 接着编织2针锁针、1针短针。图为完成本步骤的状态。

4 重复步骤1和步骤2，图为花片❶和花片❷一边连接好的状态。根据符号图，编织完花片❷剩余的边。按照相同方法将13片花片侧面连接起来。

角的连接方法

5 连接花片⓮的角时，要在连接花片❶和花片❷的引拔针的针目处（●标记处）入针，再编织引拔针连接。

6 花片⓯也要从花片⓮引拔的针目处（●标记处）编织引拔针连接。

7 在步骤6的●标记处入针，图为针上挂线的状态。再按照箭头方向编织引拔针连接。

8 图为4片花片边角相连处的针脚状态。

小马甲 A

作品…p.16　编织方法…p.18

系带两端的打结方法

1 将系带末端的锁针打一个结。

2 线头入针，穿过结扣。

3 拉出线头整理成小圆球状。最后剪去多余的线头即可。

护腿 B

作品…p.25　编织方法…p.27

配色线的更换方法

第3行

1 第2行（红色）最后的引拔针织完后，将第3行的配色线（米白色）挂在针上，按照箭头所示方向引拔出。

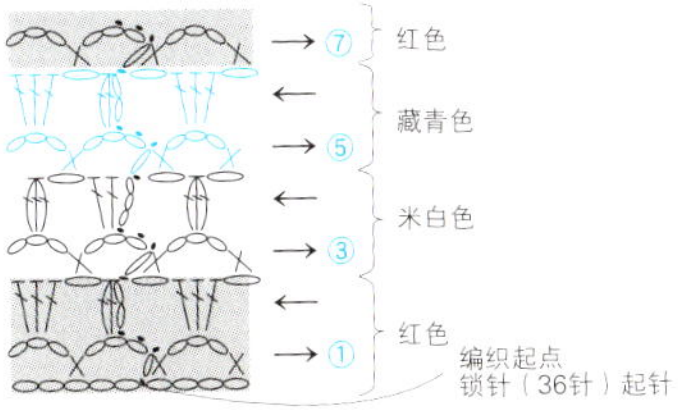

2 图为挂在针上的线替换为米白色的状态。红线在反面，先放在一边。

3 翻转织片，看着反面编织。编织1针立起的锁针和短针，再接着编织第3行、第4行。

第5行

4 第4行（米白色）最后的引拔针织完后，针上挂第5行的配色线（藏青色），按照箭头所示方向引拔出。

5 翻转织片，看着反面编织。编织1针立起的锁针和短针，接着编织第5行、第6行。

第7行

引出的配色线的处理

6 第6行最后的引拔针织完后，将第7行的配色线（第2行暂时没用到的红色线）按照织片的尺寸拉出，尽量避免歪斜，再挂在针上按照箭头所示方向引拔出。

7 翻转织片，看着反面编织。编织1针立起的锁针和短针，再接着编织第7行、第8行。重复步骤1~6继续编织。

8 图为2个花样完成的状态。织片反面引出的线要渡线。

9 用米白色线将引出的线锁缝在织片上，引出的线的线圈要避免缠在手指上。

小围巾 A、B

作品…p.37、p.44　编织方法…p.39

绒球的制作方法

1 用7.5cm宽的厚纸做一个中间有一段切口的底板，将线在底板上绕300圈。

2 用系线圈的线在切口处捆绑线圈，打2次结以固定中心。

3 线圈两端用剪刀剪开，将底板从线圈内抽出。

4 用剪刀修剪绒球四周，整理形状。

马甲 A、B

作品…p.44、p.45　编织方法…p.46

渡线方法

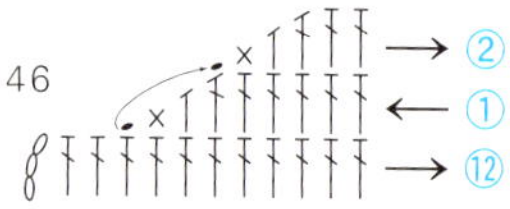

1 编织到右前身片袖窿的第1行（渡线位置），将针上所挂线圈拉大。

2 将毛线团穿过线圈。

3 拉出线头，拉紧拉大的线圈。

4 翻转织片，在第2行编织起点位置入针，挂线后引出。渡的线要注意贴着织片。

5 图为编织完第2行的引拔针和1针短针的状态。接着再继续编织第2行。

6 继续编织第2行，图为从正面看到的状态。

长针2针与1针的右上交叉

（花样编织a的编织方法）

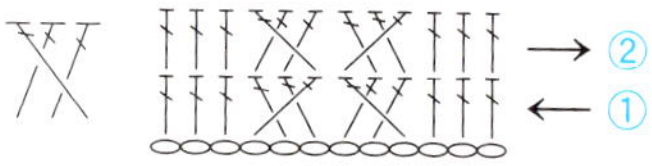

第1行

1 一直织到交叉位置，跳过1的针目，在2、3的针目处分别编织长针。

2 按照箭头所示方向从2、3针目的前侧入针至1的针目内，再编织1针长针。

长针1针与2针的左上交叉

3 图为长针2针与1针的右上交叉完成的状态。接着跳过1、2的针目，在3的针目处入针，编织长针。

4 按照箭头所示方向从3的长针后侧分别入针至1、2的针目内，再编织长针。

5 图为长针1针与2针的左上交叉完成的状态。接着继续编织长针。

6 第1行完成。

长针2针与1针的右上交叉（看着反面编织时）

第2行

※第2行因为要看着反面编织，所以要编织长针1针与2针的右上交叉。

7 在3的针目中编织长针。从3的长针前侧按照箭头所示方向在1、2的针目内入针，再编织长针。

8 看着反面所织的长针2针与1针的右上交叉完成图。

长针1针与2针的左上交叉（看着反面编织时）

※第2行因为要看着反面编织，所以要编织长针2针与1针的左上交叉。

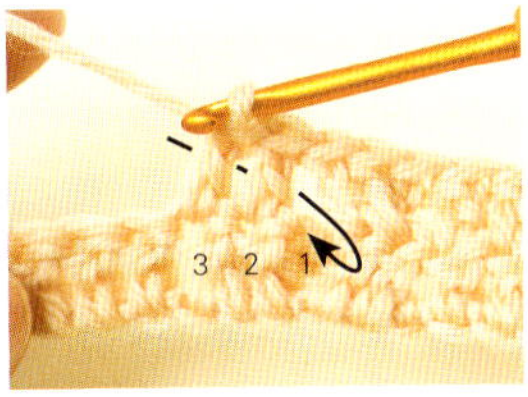

9 跳过1的针目，在2、3的针目处分别编织长针。接着从2、3的针目后侧往1的针目内入针，编织长针。

10 看着反面所织的长针1针与2针的左上交叉完成图（反面）。

11 图为完成1个花样的状态（正面），即2行1个花样。

12 图为数个花样完成的状态。

长针的正拉针（下摆花样编织b的编织方法）

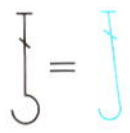

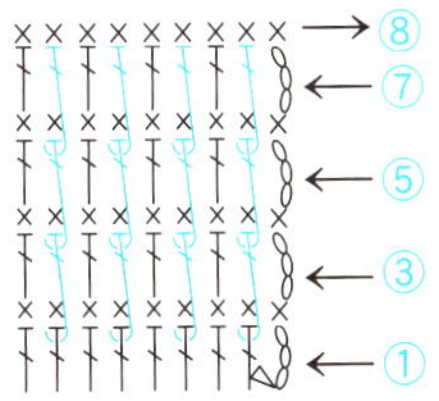

第3行

1 用往返针编织2行，再如图所示编织第3行的3针立起的锁针。

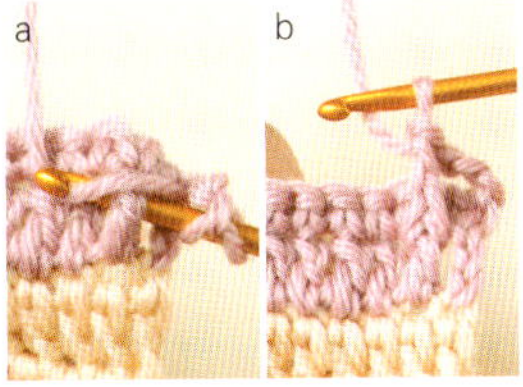

2 针上挂线，沿着步骤1的箭头所示方向挑起第1行长针的尾针，编织长针的正拉针（图a）。图b为1针长针的正拉针完成的状态。接着在第2行的短针上编织长针。

3 重复步骤2，图为1针长针的正拉针、1针长针的花样数个排列的状态。

第5行

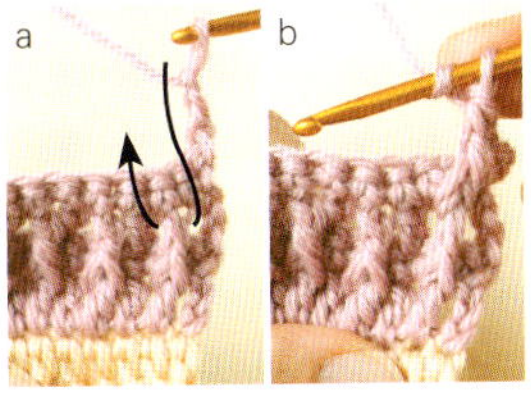

4 图a为第5行立起的3针锁针织完的状态。在第3行长针的正拉针的尾针处按照图a的箭头所示方向入针，再编织长针的正拉针（图b）。接着在第4行的短针上编织长针。

5 重复步骤4，花样由1针长针的正拉针、1针长针组成，图为数个花样完成的状态。

6 第7行也同样在第5行的长针的正拉针的尾针上编织长针的正拉针，在第6行的短针上编织长针。图为编织完第8行的状态。下摆花样编织b完成。

宝宝小礼服
系带花边帽 A
宝宝鞋 A

贝壳花样的小花边给可爱的三件套增色不少。这是送给宝宝最合适不过的礼物啦。

编织方法…宝宝小礼服 –p.10
系带花边帽 A–p.14　宝宝鞋 A–p.15
要点详解…宝宝小礼服 –p.4

0~12
个月

宝宝小礼服

庆典小礼服

（下文中以 A 表示宝宝小礼服，以 B 表示庆典小礼服）

作品…宝宝小礼服 –p.8，庆典小礼服 –p.12

要点详解…宝宝小礼服 –p.4

♥ A 的材料

MILKY BABY　3（浅粉色）…395g

直径 1.5cm 的纽扣…6 颗

♥ B 的材料

MILKY BABY　9（本白色）…435g

直径 1.5cm 的纽扣…6 颗

♥ 钩针

5/0 号针

♥ 密度

10cm×10cm花样编织a 23.5针×15行，花样编织b 20针×13.5行

♥ 完成尺寸

衣长 54.5cm，肩背宽 20cm，袖长 22cm

♥ 编织方法

1 编织前、后身片

锁针（254针）起针，如图所示进行58行花样编织a。接着编织3行下摆的花边a。

2 编织前、后身片的育克

从前、后身片挑针编织2行短针，花样编织b则如图所示分成左、右前身片和后身片编织16行。

3 编织前襟

花边b编织3行。花边b的花样用作扣眼。

4 连接肩部、编织领子

以挑针缝订缝连接肩部（请参见p.4）。分别从右前身片、后身片、左前身片挑针如图所示编织6行领子（花边a’）。

5 编织袖子

锁针（41针）起针，如图所示进行24行花样编织b。挑针缝合袖子（请参见p.4）。接着在袖口编织5行花边a’。

6 整理完成

将袖子订缝在身片上（请参见p.4）。B要将21片花片连接后，再缝在下摆上。A要在左前襟，B在右前襟缝上纽扣，稍作整理后即可完成作品。

※制图、袖子的编织图请参见p.57。

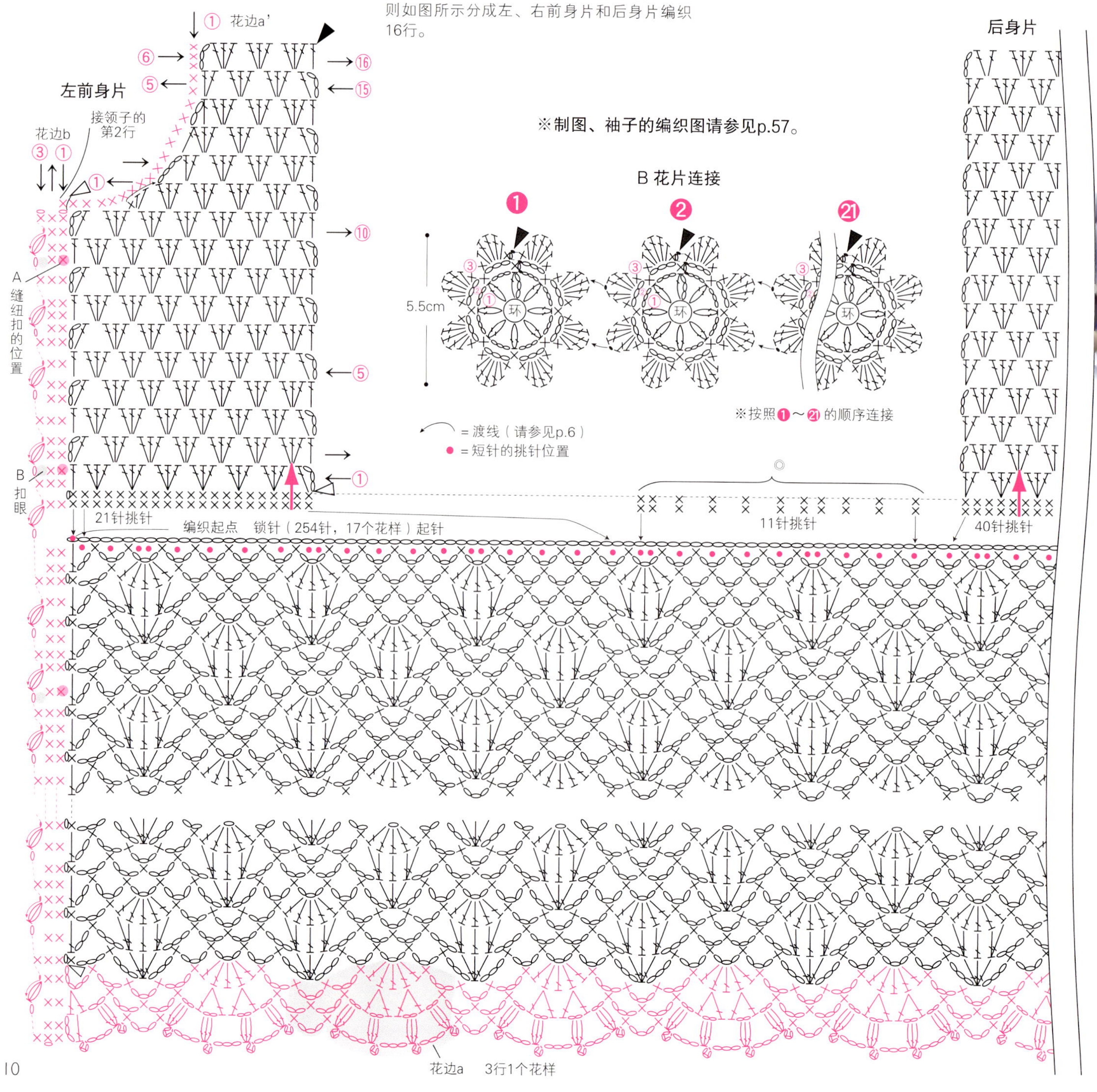

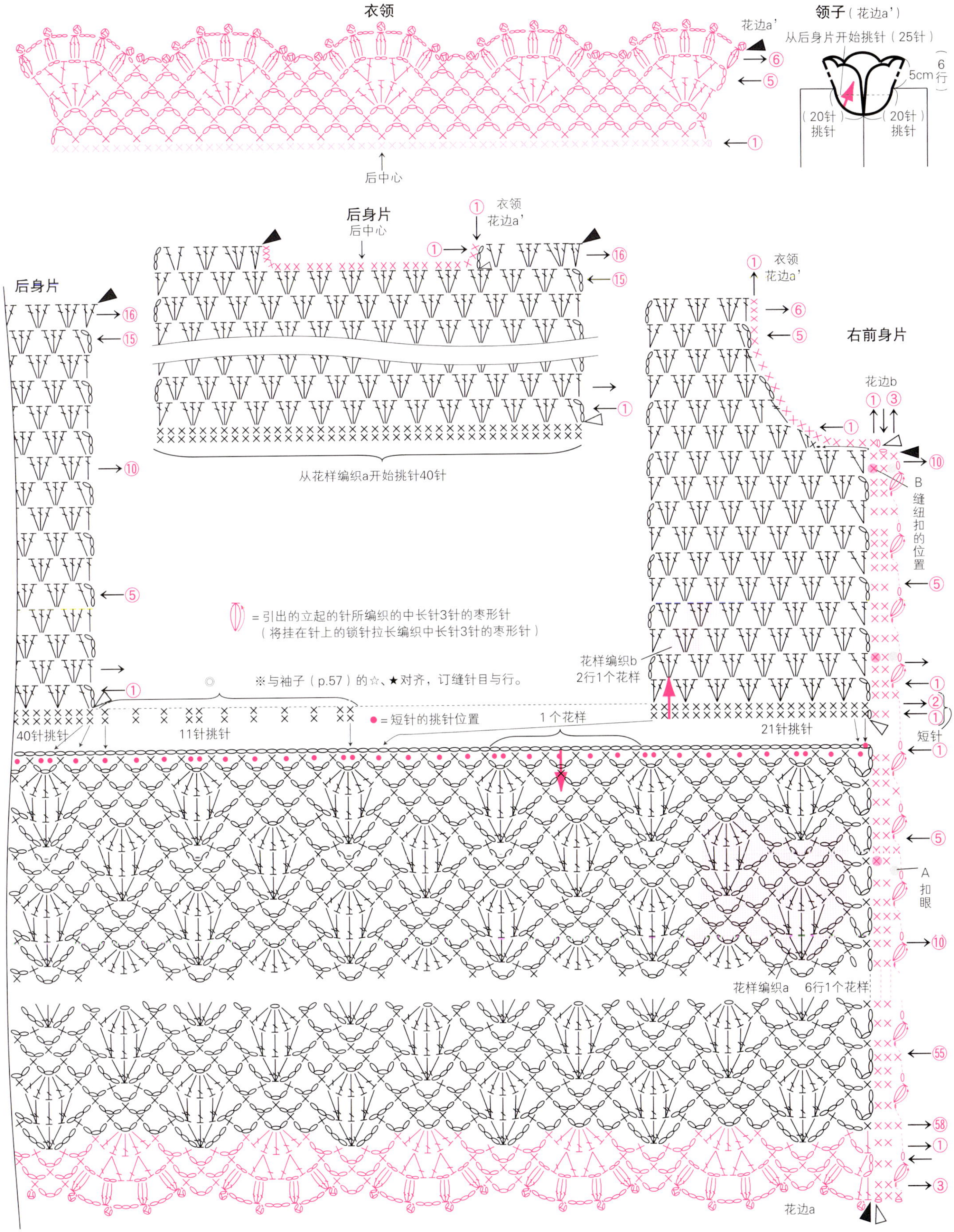
衣领
花边a'
后中心
领子（花边a'）
从后身片开始挑针（25针）
5cm（6行）
（20针）挑针
（20针）挑针
后身片
后中心
衣领 花边a'
从花样编织a开始挑针40针
后身片
衣领 花边a'
右前身片
花边b
B 缝纽扣的位置
=引出的立起的针所编织的中长针3针的枣形针
（将挂在针上的锁针拉长编织中长针3针的枣形针）
花样编织b 2行1个花样
※与袖子（p.57）的☆、★对齐，订缝针目与行。
●=短针的挑针位置
1个花样
40针挑针
11针挑针
21针挑针
短针
A 扣眼
花样编织a 6行1个花样
花边a

庆典小礼服

编织方法…p.10

由庆典小礼服、系带花边帽、宝宝鞋组成的三件套绝对是宝宝出席重要纪念日的盛装哦。

0~12
个月

系带花边帽 B

宝宝鞋 B

编织方法…系带花边帽 B－p.14　宝宝鞋 B－p.15

0~12
个月

系带花边帽 A、B

作品…A-p.8，B-p.13

♥ A 的材料
MILKY BABY 3（浅粉色）…55g

♥ B 的材料
MILKY BABY 9（本白色）…55g
宽 1.5cm 的缎带（本白色）…80cm

♥ 钩针
5/0 号针

♥ 密度
10cm×10cm 花样编织 20 针 ×12.5 行

♥ 完成尺寸
脸围 41.5cm

♥ 编织方法

1 编织主体部分

头后部以锁针（23针）起针，进行13行花样编织。从头后部左、右两边的★处挑针，如图所示编织11行。接着编织7行花边。头周边编织3行短针。

2 编织A的花片、系带、系带装饰球a

花片请参见p.15编织2片。再分别编织系带和系带装饰球a。

3 编织B的系带装饰球b

编织2个系带装饰球b，稍作整理即可。

4 整理完成

参见整理图分别整理作品即可完成。

整理方法

在花边穿系带的位置分别穿入系带、缎带，然后在两端缝上系带装饰球。

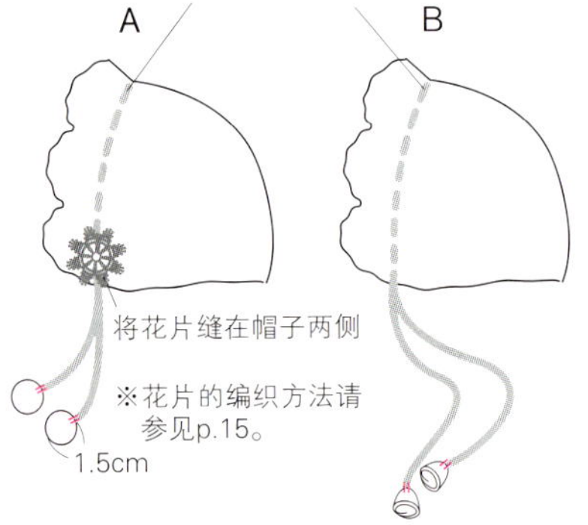

B 系带装饰球b 2个

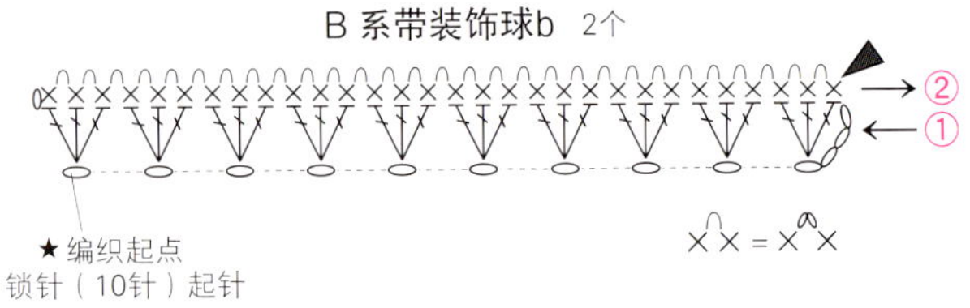

系带装饰球b的整理方法

※将★部分卷进内侧，并整理成球状，再缝合下侧，稍作整理即可。

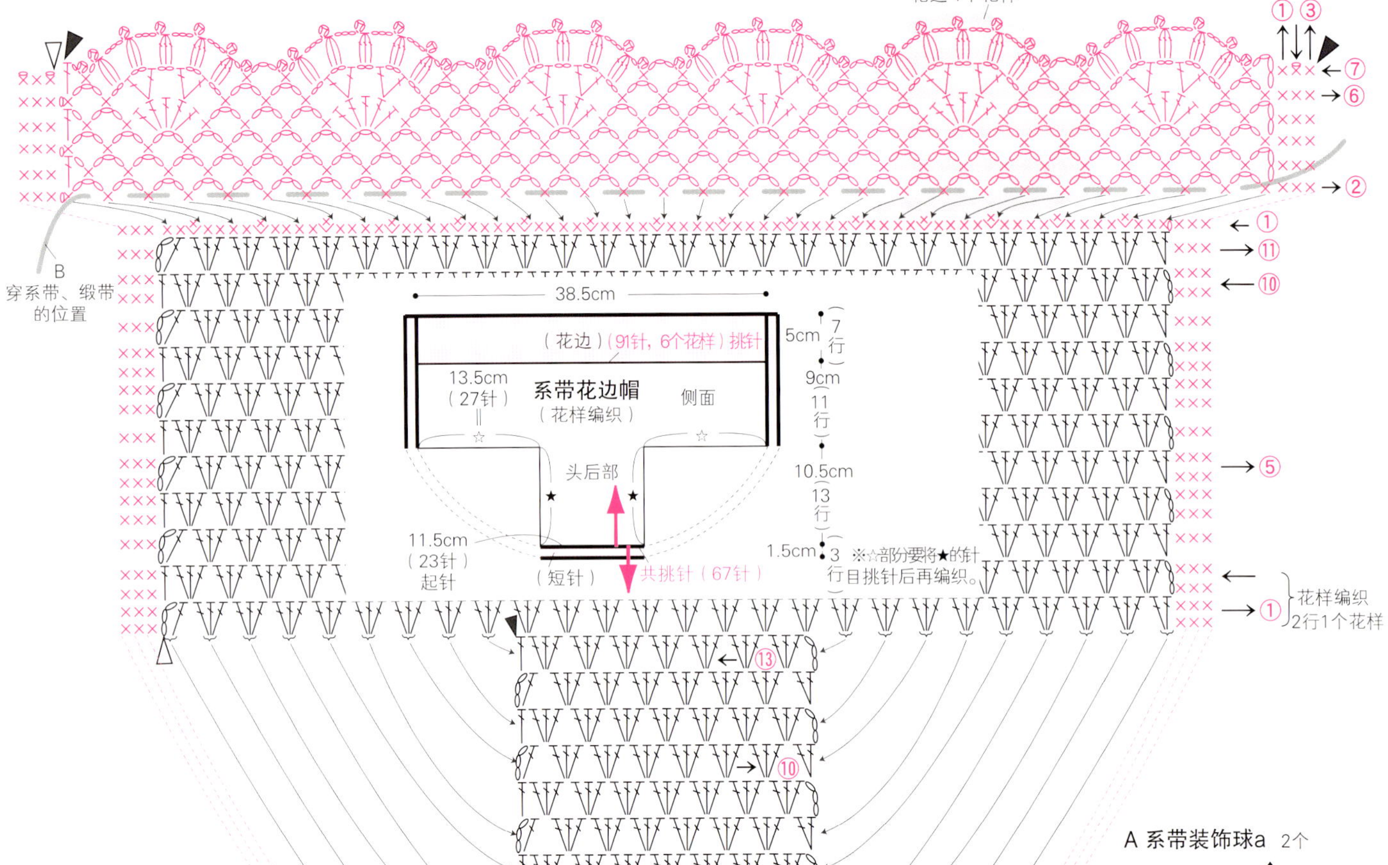
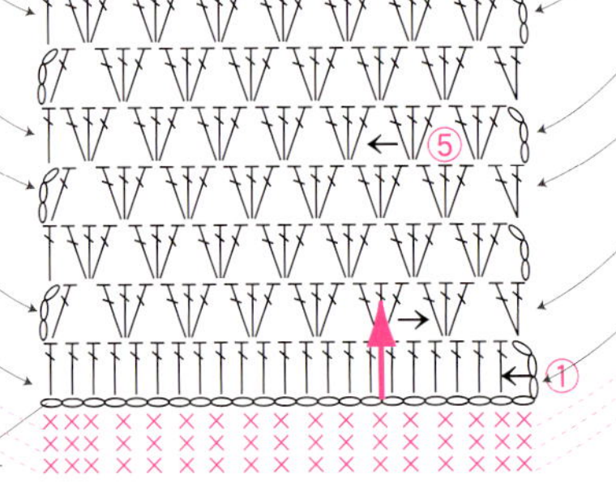

A 系带 1根

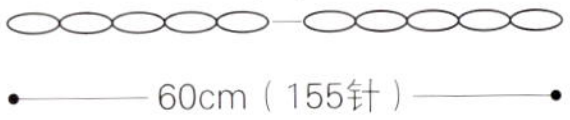

A 系带装饰球a 2个

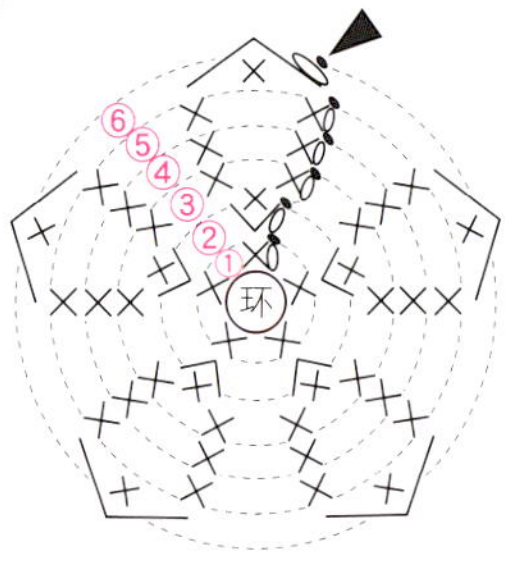

※系带装饰球a的整理方法请参见p.15。

宝宝鞋 A、B

作品… A-p.8，B-p.13

♥ A 的材料

MILKY BABY　3（浅粉色）…30g

♥ B 的材料

MILKY BABY　9（本白色）…30g

♥ 钩针

5/0 号针

♥ 完成尺寸

参见图片

♥ 编织方法

1 编织鞋底

锁针（10 针）起针，如图所示编织 6 行短针。第 7 行再编织短针的条纹针。

2 编织侧面

从底部挑针，编织 3 行长针。

3 编织脚踝部分

从侧面挑针，编织 4 行花样编织。

4 编织花片

花片环形起针，如图所示编织 3 行。参见整理图将花片缝在鞋面上。

5 编织鞋绳装饰球和鞋绳

鞋绳装饰球环形起针，如图所示编织 3 行。编织终点的线稍微留长，塞入同色线，在最后一行穿过线再拉紧。鞋绳锁针编织 90 针。参见整理图将鞋绳穿过脚踝部分和花片，在鞋绳两端缝制鞋绳装饰球。

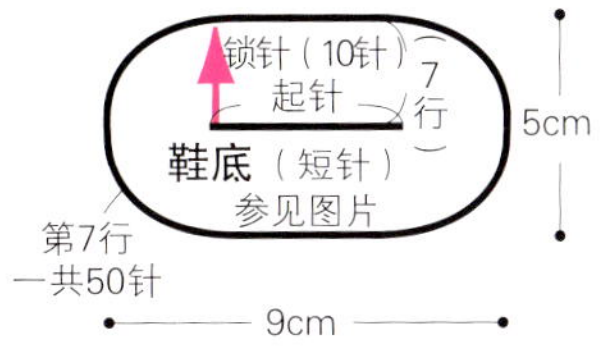

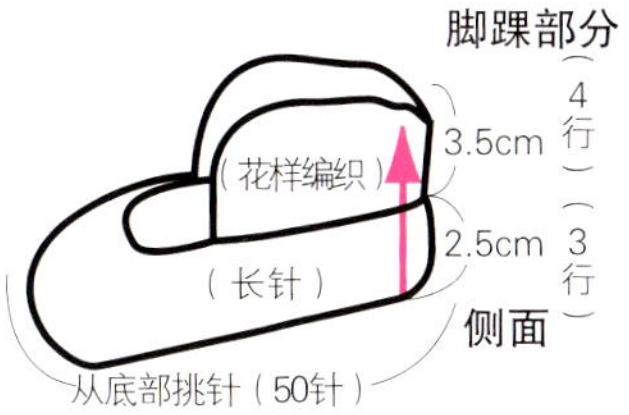

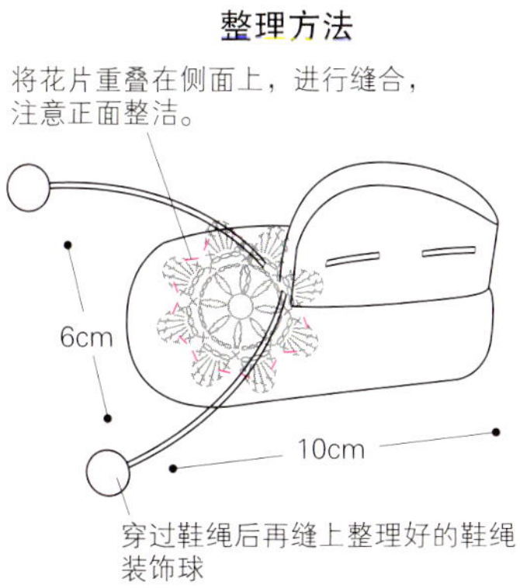

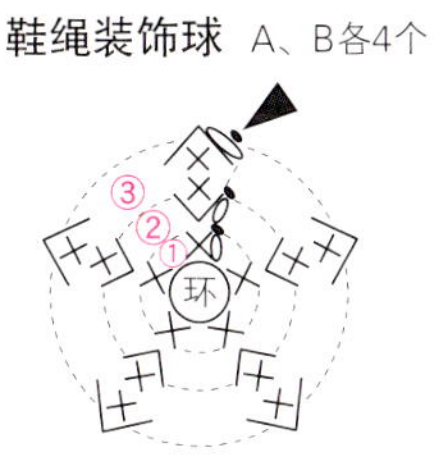

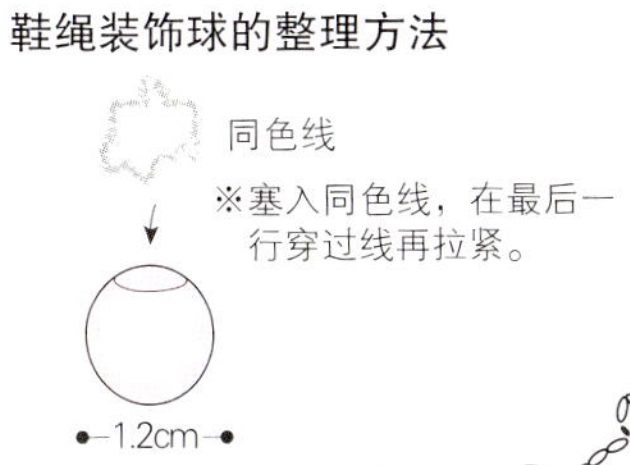

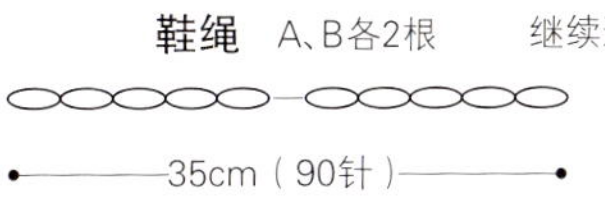

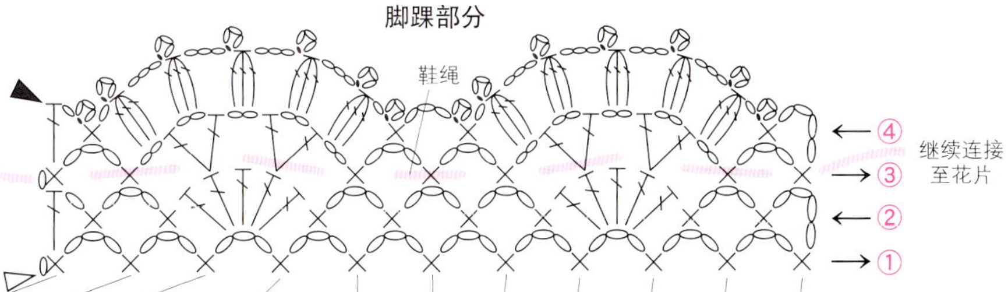

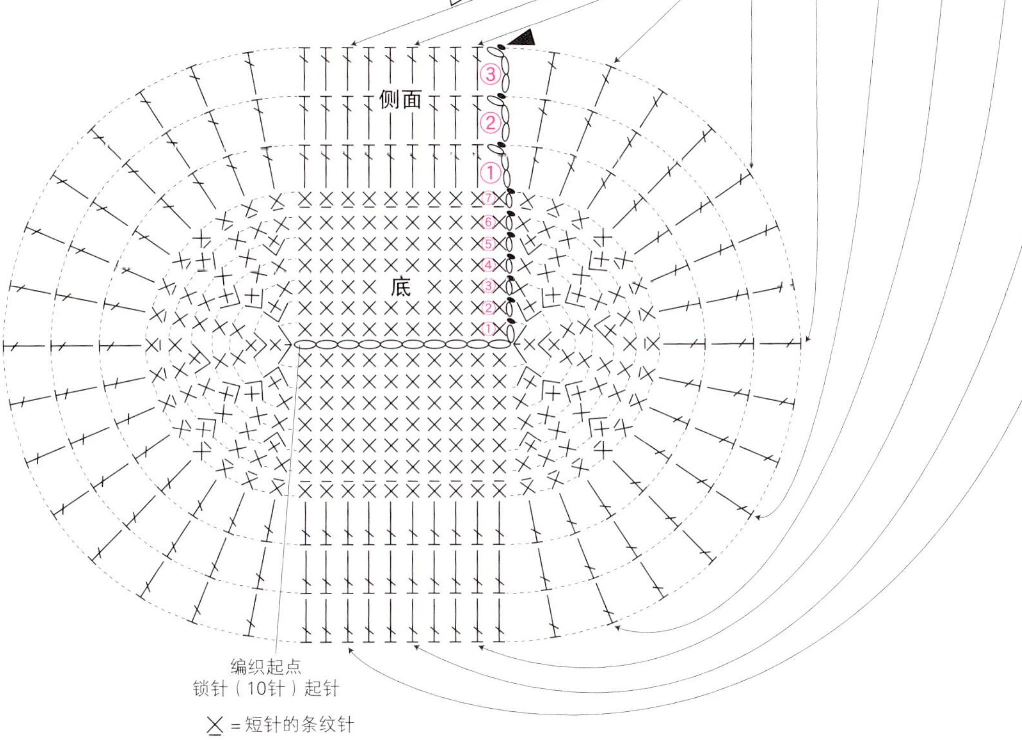

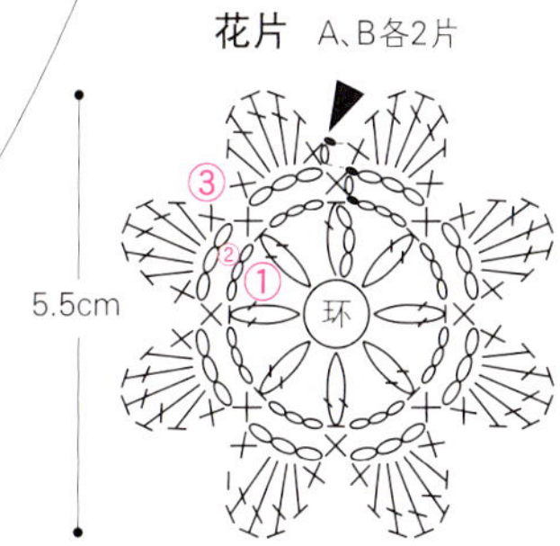

小马甲 A
连指手套 A

开襟小马甲搭配连指手套给予宝宝温暖贴心的呵护。

编织方法…小马甲 A–p.18　连指手套 A–p.26
要点详解…小马甲 A–p.5

小马甲 B

编织方法…p.18

0~12
个月

可以根据自己的喜好用缎带或者纽扣来装饰哦。

小马甲 A、B

作品…A–p.16，B–p.17
要点详解…A –P.5

♥ A 的材料
MILKY BABY　12（粉色）…120g
♥ B 的材料
MILKY BABY　5（淡蓝色）…110g
直径 1.5cm 的纽扣…3 颗

♥钩针
5/0、6/0 号针

♥密度
10cm × 10cm 花样编织 24.5 针 × 19 行

♥完成尺寸
A…胸围 57cm，衣长 28.5cm，肩背宽 20.5cm
B…胸围 57cm，衣长 28cm，肩背宽19.5cm

♥编织方法（主体部分的编织方法 A、B 通用）

1 接前、后身片，编织肋长部分
锁针（137 针）起针，如图所示肋长部分进行 26 行花样编织。

2 分为右前身片、后身片、左前身片3片进行编织
编织肋长 26 行后，左前身片、右前身片、后身片分别如图所示进行编织。

3 连接肩部，再在袖窿、领口、前襟、下摆位置编织花边（A编织花边a，B编织花边b）
以挑针缝订缝连接肩部（请参见 p.4）。在左前下摆处接线，编织下摆的花边至第 2 行。再在右前下摆处接线，在右前襟、领口、左前襟继续编织 3 行花边，接下来接着编织下摆的第 3 行。袖窿也按照相同方法分别在肋下接线，在环圈编织花边。

4 整理完成
A…锁针（60 针）编织 3 根系带。在右前身片的指定位置缝上系带，穿入左前身片再系成蝴蝶结。
B…在右前身片的指定位置缝上纽扣即可。

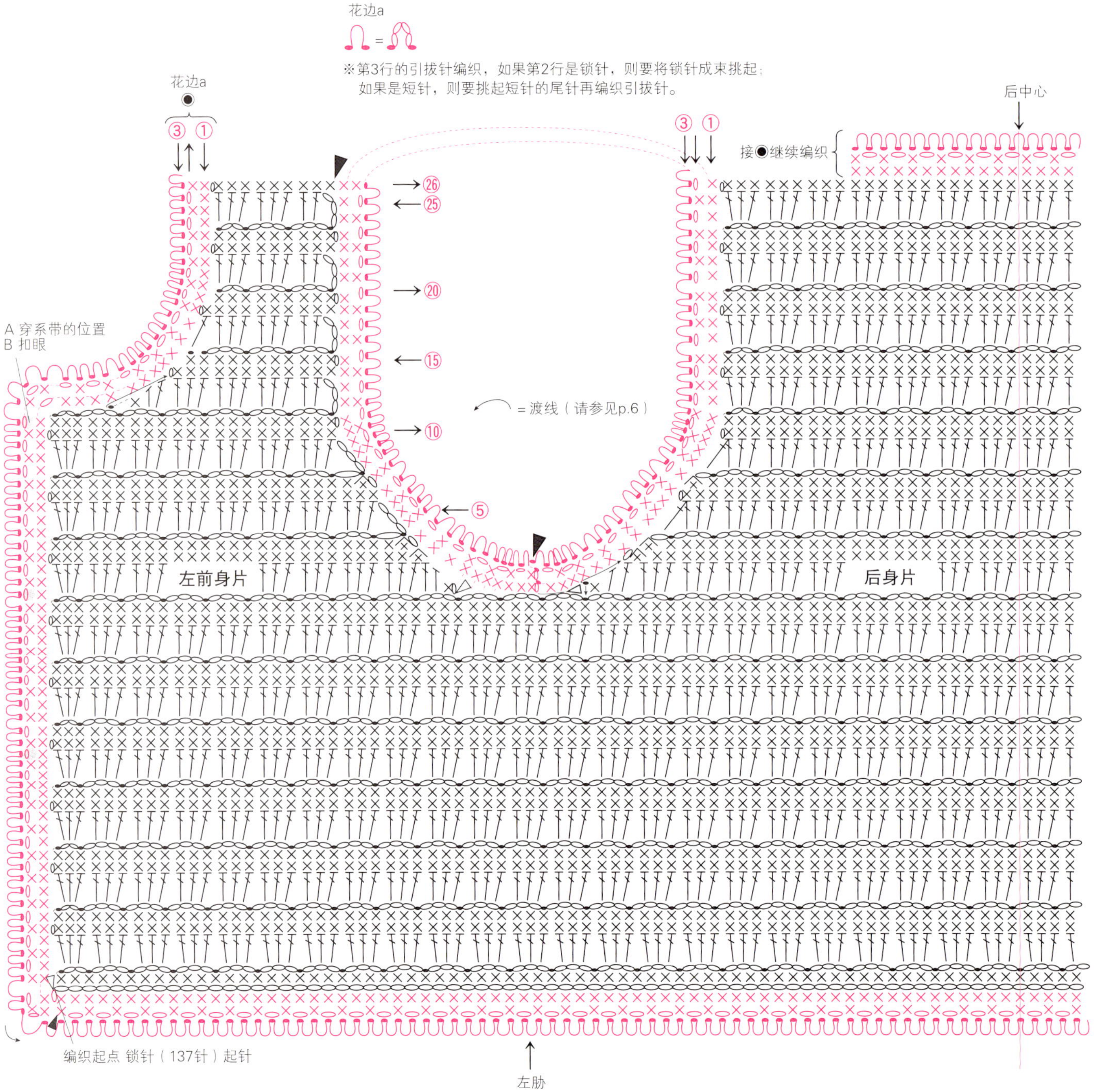

A 系带　3根　6/0号针

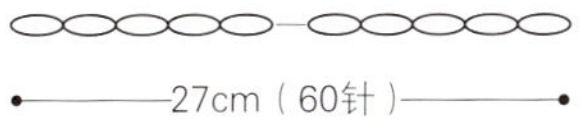

※将系带的两端打结进行整理（请参见p.5）。
※在右前身片固定系带的位置缝合系带的中心，
在左前身片穿系带的位置穿过另一端再系成蝴蝶结。

花边b

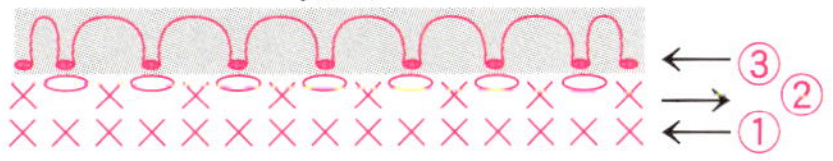

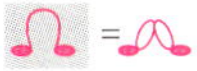

※第1、2行的挑针方法同花边a。

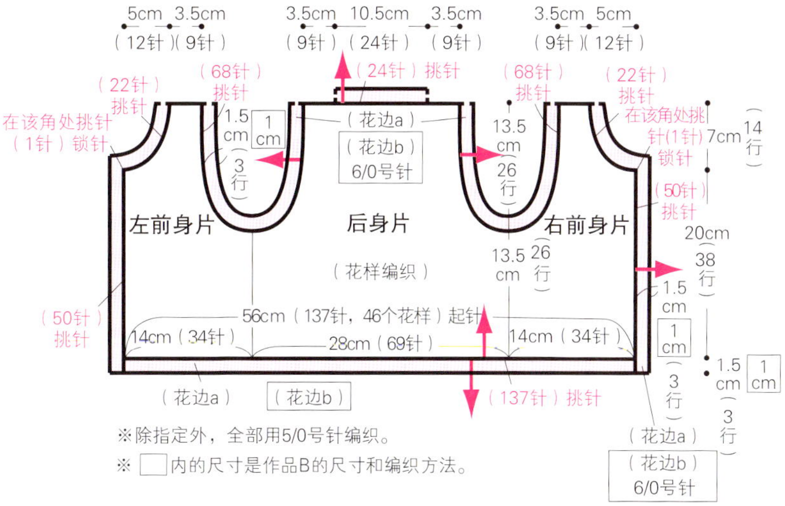

※除指定外，全部用5/0号针编织。
※ ☐ 内的尺寸是作品B的尺寸和编织方法。

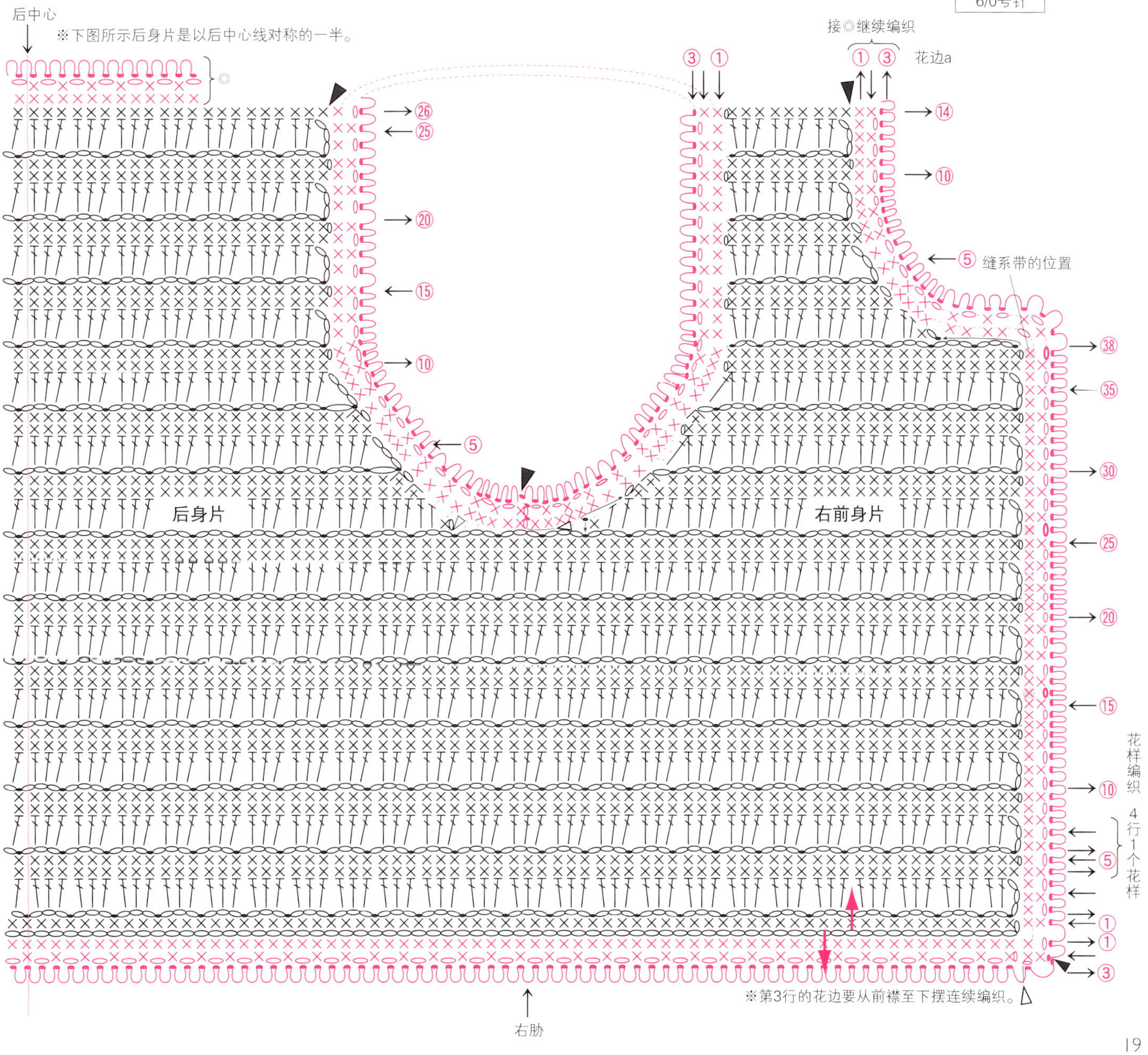

小抱毯

编织方法…p.22
要点详解…p.5

由多彩的花片连接而成的小抱毯，四周吊着小绒球是不是更加可爱了呢？

小抱毯

作品…p.20
要点详解…p.5

♥材料

PREMIO　3（淡粉色）…148g，1（白色）…140g，4（淡紫色）…104g，5（淡蓝色）…80g，11（抹茶色）…58g

♥钩针

4/0、6/0号针

♥密度

花片　6.5cm×6.5cm

♥完成尺寸

88.5cm×88.5cm

♥编织方法

1 编织❶的花片

编织花片，11针锁针起针，如图所示编织13行短针。换线，在四周交替编织短针和锁针1行。

2 编织连接花片，共完成169片花片

从第2片花片开始编织1行白色线时要连接着上一片花片编织（请参见p.5）。短针部分配色后纵、横各织13片花片，共编织169片花片。

3 编织花边

将花片四边的针目挑起，再编织一周花边，仅编织1行。

4 编织装饰绒球

装饰绒球环形起针，如图所示编织4行。塞入少量同色线，在最后一行穿过线再拉紧。最后在花边的指定位置缝上整理好的装饰绒球即可。

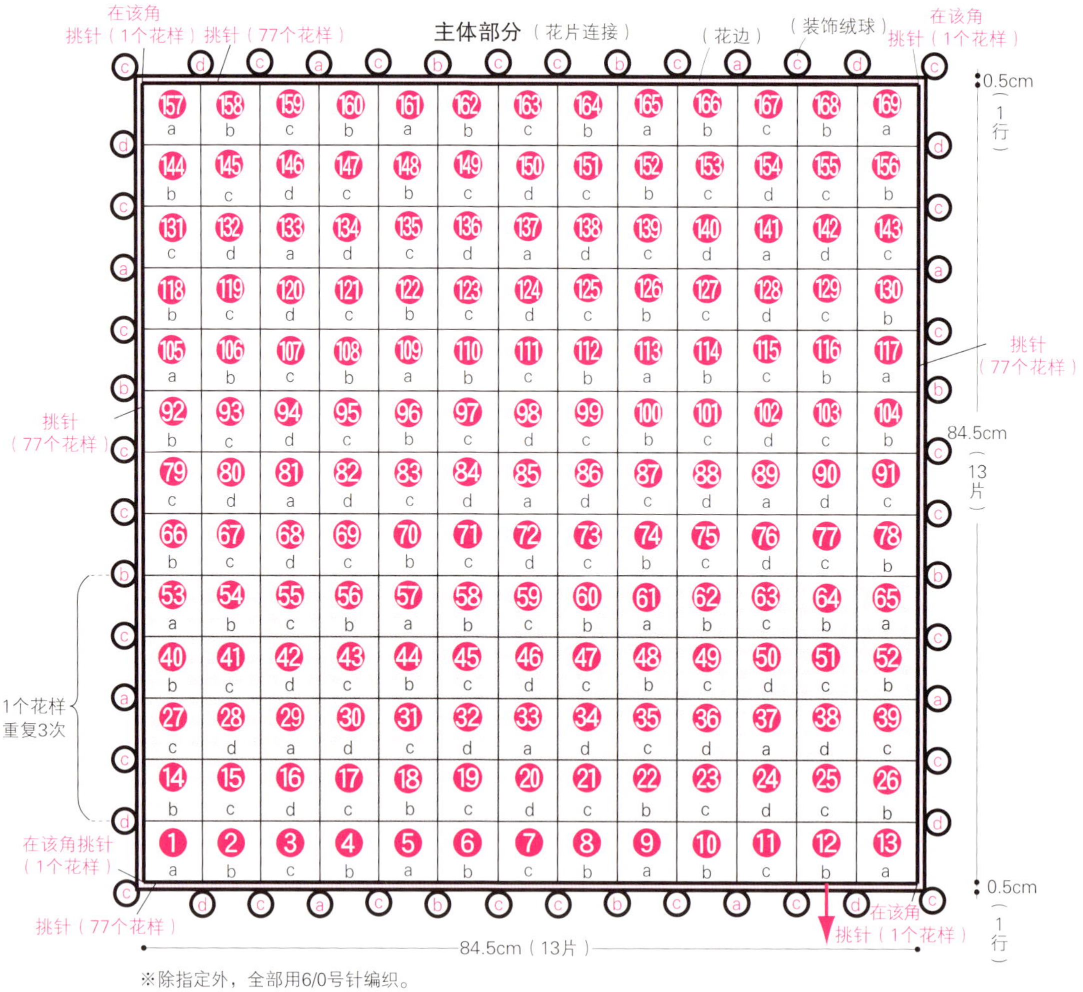

※除指定外，全部用6/0号针编织。

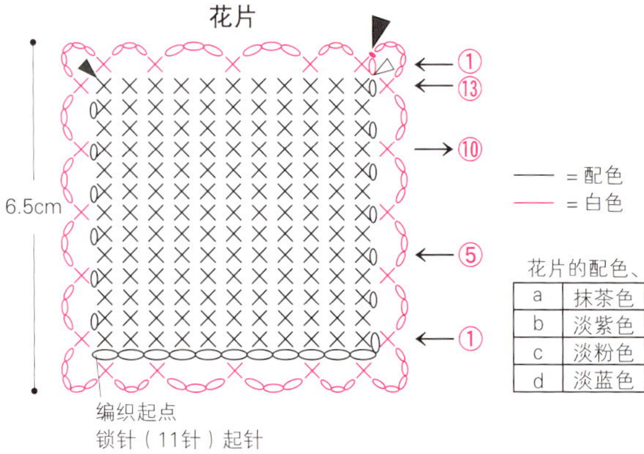

花片的配色、片数表

a	抹茶色	25片
b	淡紫色	48片
c	淡粉色	60片
d	淡蓝色	36片

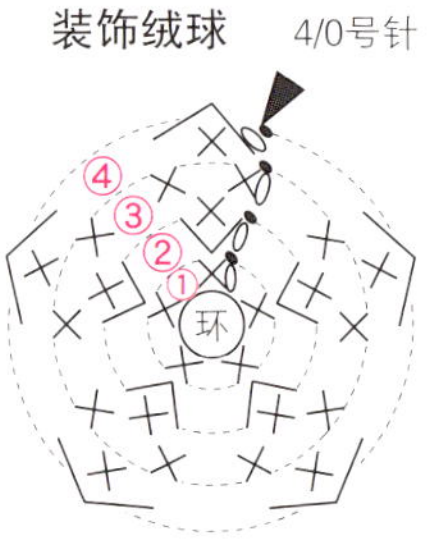

装饰绒球个数表

a	8个
b	8个
c	28个
d	8个

※配色与花片相同。

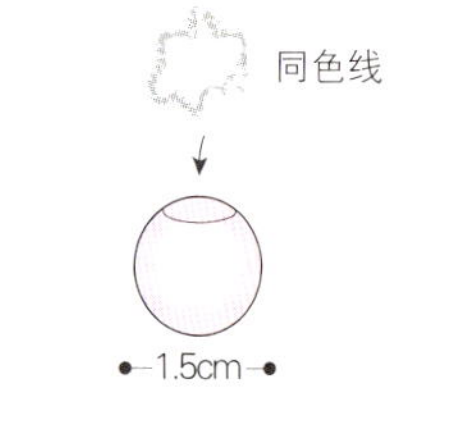

※塞入少量同色线，在最后一行穿过线再拉紧。

主体部分　花片连接

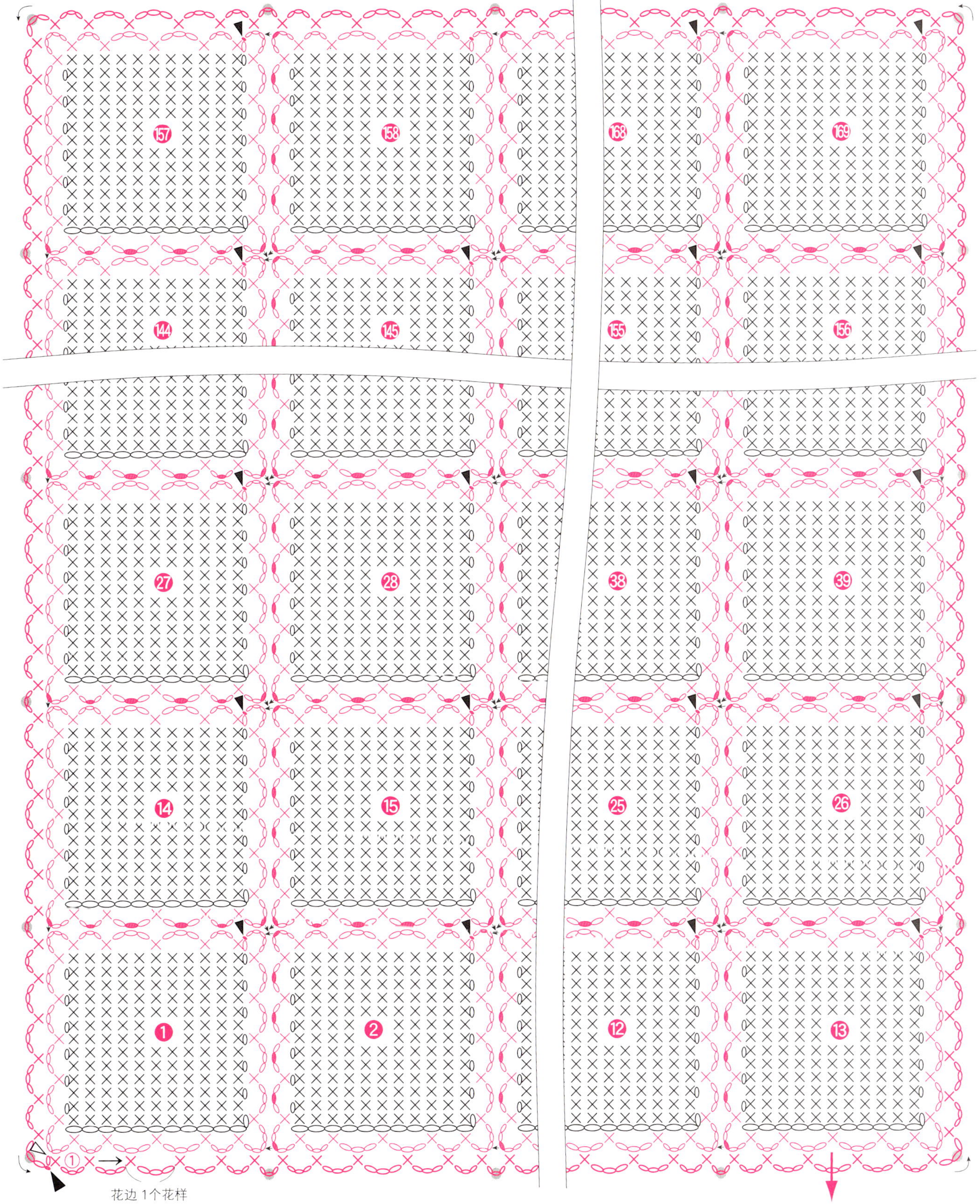

◎ = 缝装饰绒球的位置　　※主体部分按照❶～⓺⓽的顺序连接。

连指手套 A
护腿 A

编织方法…连指手套 A–p.26　护腿 A–p.27

连指手套和护腿的保暖组合，小花的点缀又为其增添了几分秀美。

0~12
个月

连指手套 B
护腿 B

编织方法…连指手套 B–p.26　护腿 B–p.27
要点详解…护腿 B–p.5

条纹花边组合，保暖又不失童趣。

12~24
个月

连指手套 A、B

作品… A–p.16、p.24，B–p.25

♥ A 的材料
MILKY BABY　12（粉色）…20g，9（本白色）…2g

♥ B 的材料
PREMIO　2（米白色）…12g，19（藏青色）…8g

♥ 钩针
6/0 号针

♥ 密度
A…10cm×10cm花样编织20针×15行
B…10cm×10cm花样编织18.5针×14行

♥ 完成尺寸
参见图片

♥ 编织方法

1 编织主体部分，将♥部分对齐缝合

A… 锁针（24 针）起针，如图所示进行 10 行花样编织，减针编织 4 行。将♥部分对齐以挑针缝订缝连接。从编织起点开始挑针，编织 3 行花边。

B…锁针（24 针）起针，花样编织部分如图所示配色的同时织到第 10 行，再减针编织 4 行。将♥部分对齐以挑针缝订缝连接。从编织起点挑针，编织 3 行花边。

2 编织大拇指

在大拇指位置接线，在环形短针的状态下挑针 10 针，编织 8 行。在最后一行穿过线再拉紧。

3 编织A的花片

花片环形起针，如图所示编织 1 行。

4 A的整理完成

参见完成图将花片缝在主体部分的背面。

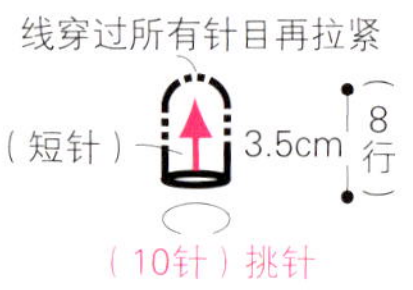

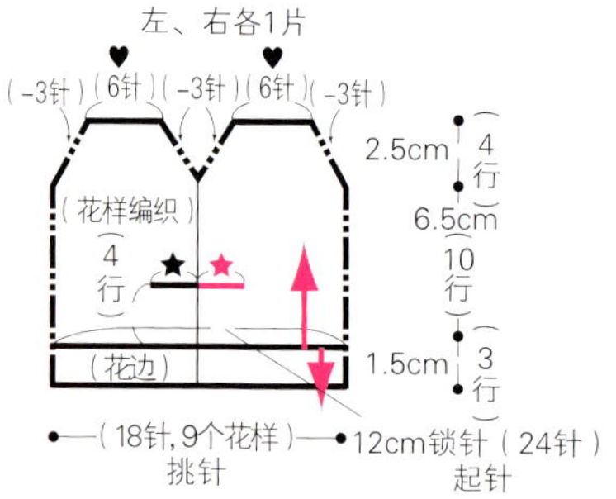

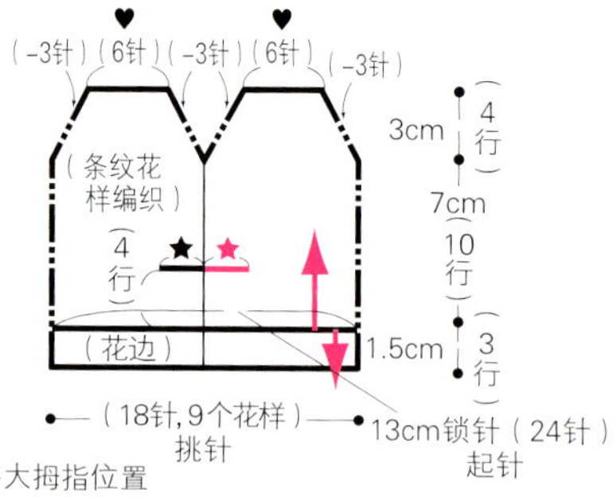

★=2cm（4针）右手大拇指位置
★=2cm（4针）左手大拇指位置
※将♥部分对齐以挑针缝订缝连接（请参见p.4）。

1 编织主体部分，将♥部分对齐缝合

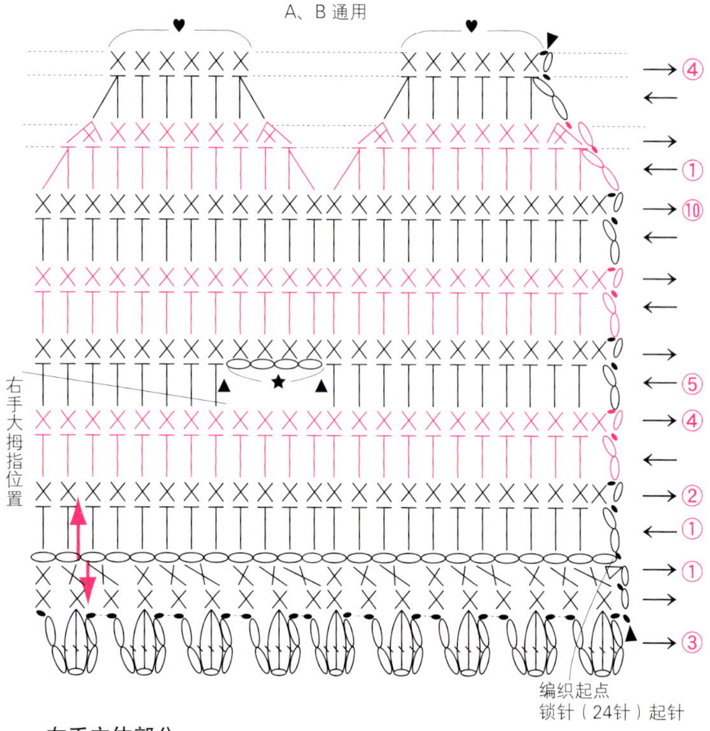

左手主体部分
※除大拇指位置外，其余部分与右手相同。

3 编织A的花片

2 编织大拇指

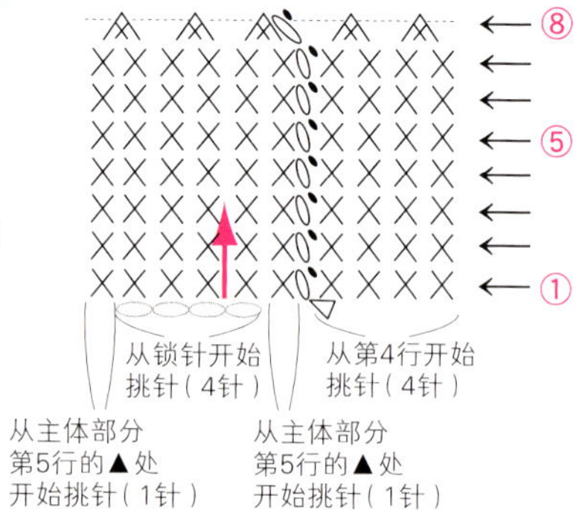

4 A的整理完成

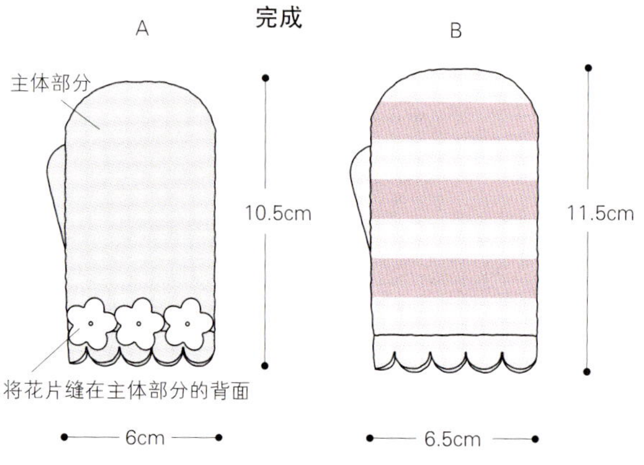

护腿 A、B

作品…A–p.24，B–p.25
要点详解…B–p.5

♥ A 的材料
MILKY BABY 12（粉色）…40g，7（深粉色）、10（淡绿色）、13（橙色）…各 3g

♥ B 的材料
PREMIO 15（红色）…20g，19（藏青色）…14g，2（米白色）…12g

♥ 钩针
A…5/0、4/0 号针
B…6/0 号针

♥ 密度
A…10cm × 10cm 花样编织 22.5 针 × 13 行
B…10cm × 10cm 花样编织 20 针 × 12 行

♥ 完成尺寸
A…腿围 16cm，长 20cm
B…腿围 18cm，长 21.5cm

♥ 编织方法

1 编织主体部分
A…锁针（36 针）起针，编织成环形，如图所示进行 24 行花样编织。
B…锁针（36 针）起针，编织成环形，如图所示配色编织条纹花样 24 行（请参见 p.5）。

2 编织花边a
在主体部分编织终点的一侧，在环形状态下编织2行花边a。

3 编织花边b
在主体部分编织起点的一侧，在环形状态下编织1行花边b。

4 编织A的花片和叶子
花片环形起针，编织 1 行。叶子则要锁针（5 针）起针，编织 1 行。

5 编织B的绳带
参见图片编织 2 根绳带，将两端打结。

6 整理完成
A…在主体部分缝上花片和叶子。
B…将绳带穿入主体部分的第 24 行。

4 编织A的花片和叶子

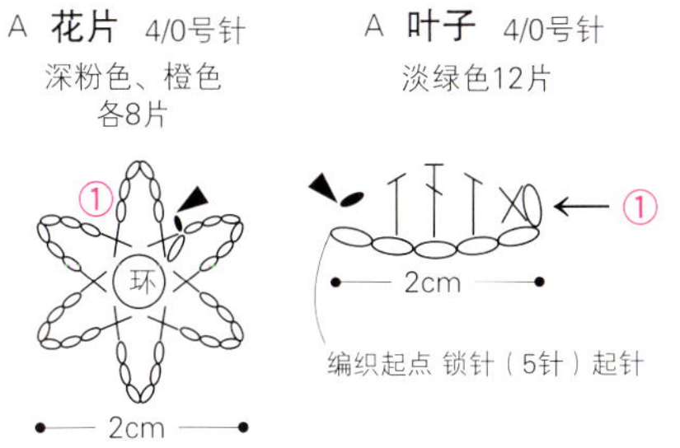

5 编织B的绳带

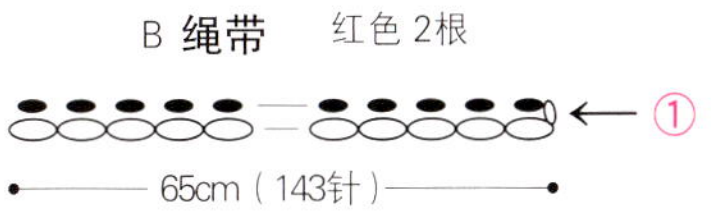

1 编织主体部分
2 编织花边a

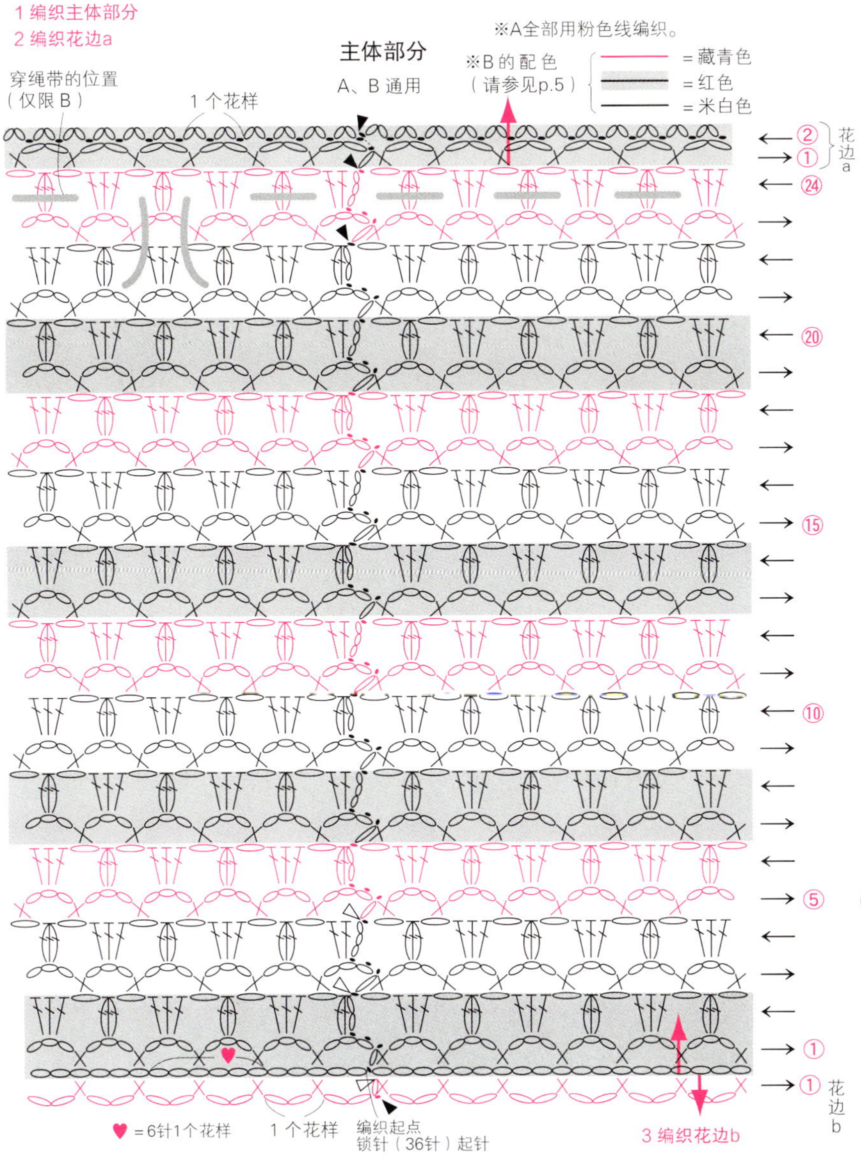

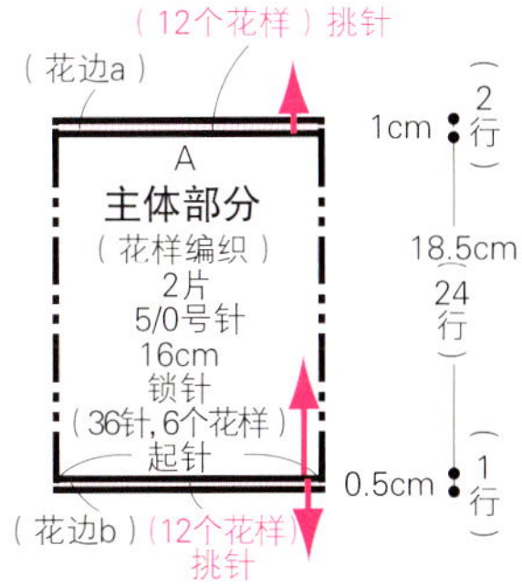

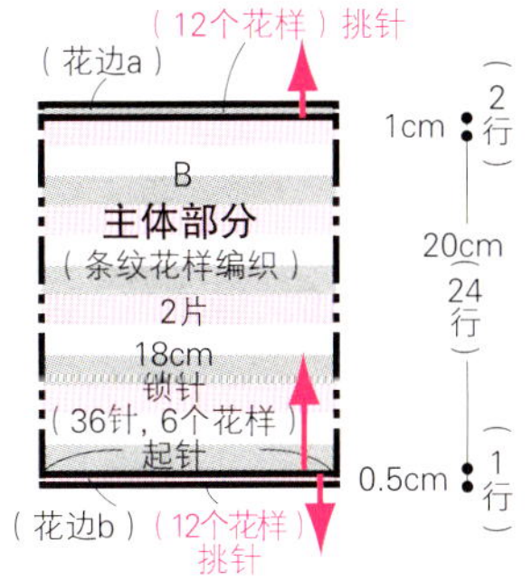

6 整理完成

完成

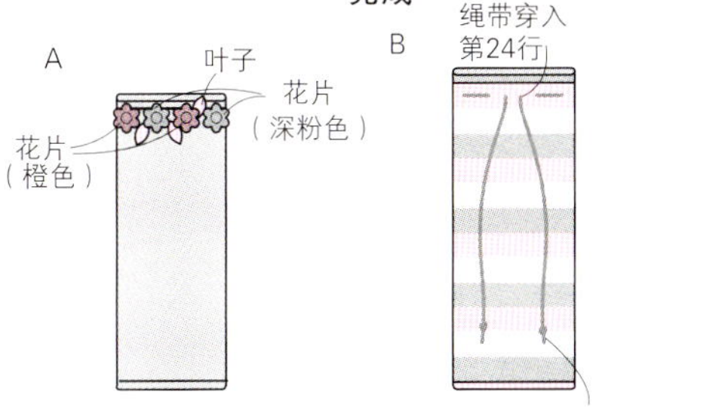

※花片与叶子缝在主体部分的第24行。绳带两端各打1个结
※反面也同样要缝上花片和叶子。

高腰马甲 A、B

编织方法…p.30

这款高腰小马甲因加入花边而形成了条纹，是不是很有新鲜感呢？边缘部分也缀有小花装饰，显得俏皮可爱。A 款和 B 款由于用线粗细不同，尺寸也有所差异哦。

这款高腰小马甲的长度足以遮住小屁股，搭配小短裤
是不是非常可爱啊！

高腰马甲 A、B

作品…p.28

♥ A 的材料

PREMIO　16（玫瑰粉色）…80g，8（粉色）…3g，3（淡粉色）…20g
直径 1.3cm 的纽扣…4 颗

♥ B 的材料

MAKEMAKE COCOTTE　412（蓝色系混合）…115g
MAKEMAKE　21（胭脂红混合）…50g
直径 1.3cm 的纽扣…4 颗

♥ 钩针

6/0、7/0 号针

♥ 密度

A …10cm×10cm花样编织a 20针×11行，花样编织b 17针×11行
B…10cm×10cm花样编织a18针×10行，花样编织b 12.5针×10行

♥ 完成尺寸

A…胸围 69cm，衣长 39cm，肩背宽 19cm
B…胸围 77cm，衣长 42.5cm，肩背宽 22cm

♥ 编织方法（主体部分的编织方法两款通用）

1 编织主体部分

后身片和左、右前身片都是锁针（69针）起针，花样编织a部分如图所示用指定的配色线编织21行。花样编织b部分如图所示分散减针。后身片编织20行。前身片则要在第7行中心减针分为左、右前身片编织14行。

2 连接肩部，缝合两胁

以挑针缝订缝连接肩部，两胁挑针缝接缝（请参见 p.4）。

3 编织前襟和花边

在前身片分别编织左前襟和右前襟各9行。右前襟上编织锁针（1针）作扣眼，左前襟则全部编织短针。前身片与左前襟上重叠右前襟即此处织2片织片。领口、袖窿、B的下摆处编织花边a，A的下摆处编织花边b。

4 整理完成

在左前襟的纽扣位置缝上纽扣即完成作品。

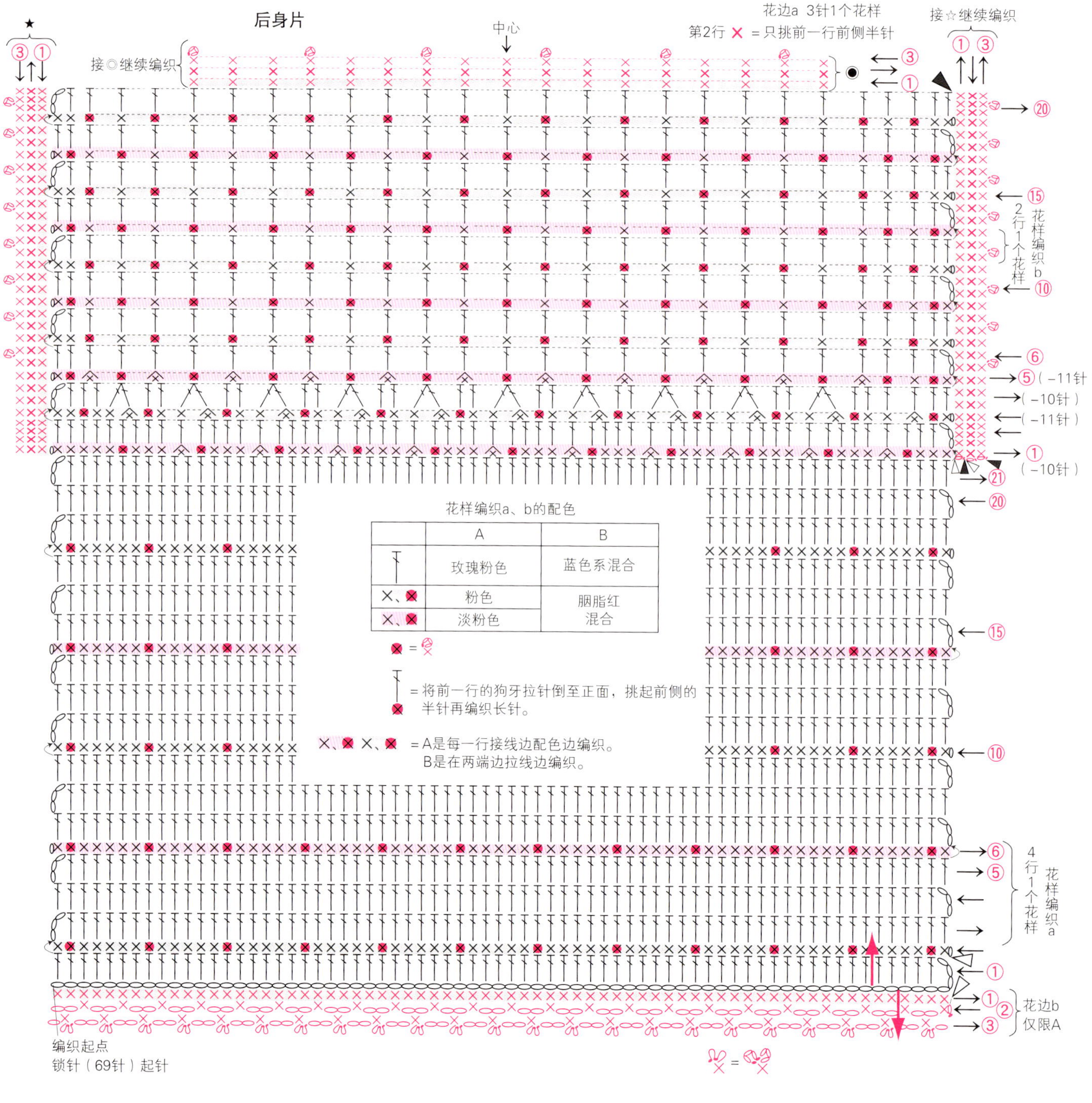

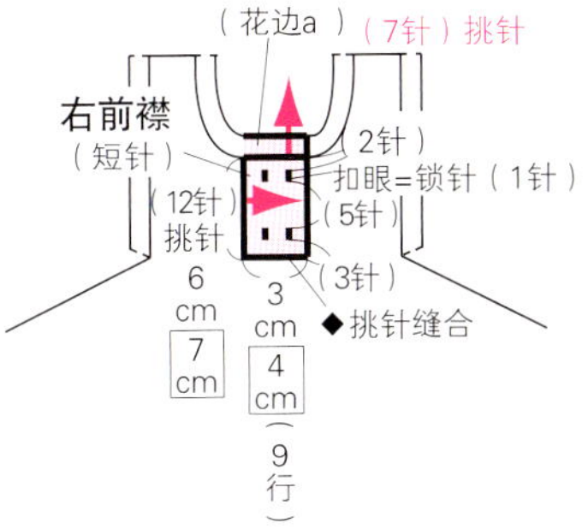

※左前襟对称编织。
左前襟全部编织短针，并置于右前襟的下层，再将◆部分挑针缝合在前身片。
在右前襟的扣眼位置相对的左前襟处缝上纽扣。

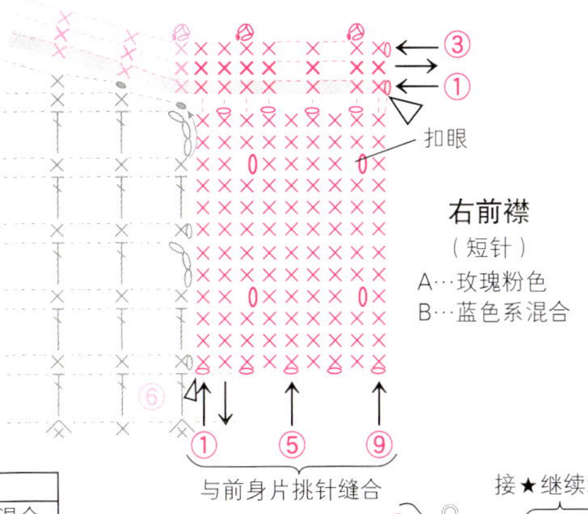

= 渡线（请参见p.6）

花边 a 、b 的配色

	A	B
第 1 行	玫瑰粉色	蓝色系混合
第2、3行	粉色（袖口、下摆） 淡粉色（领口）	胭脂红 混合

第 2 行× = 只挑起前一行前侧半针

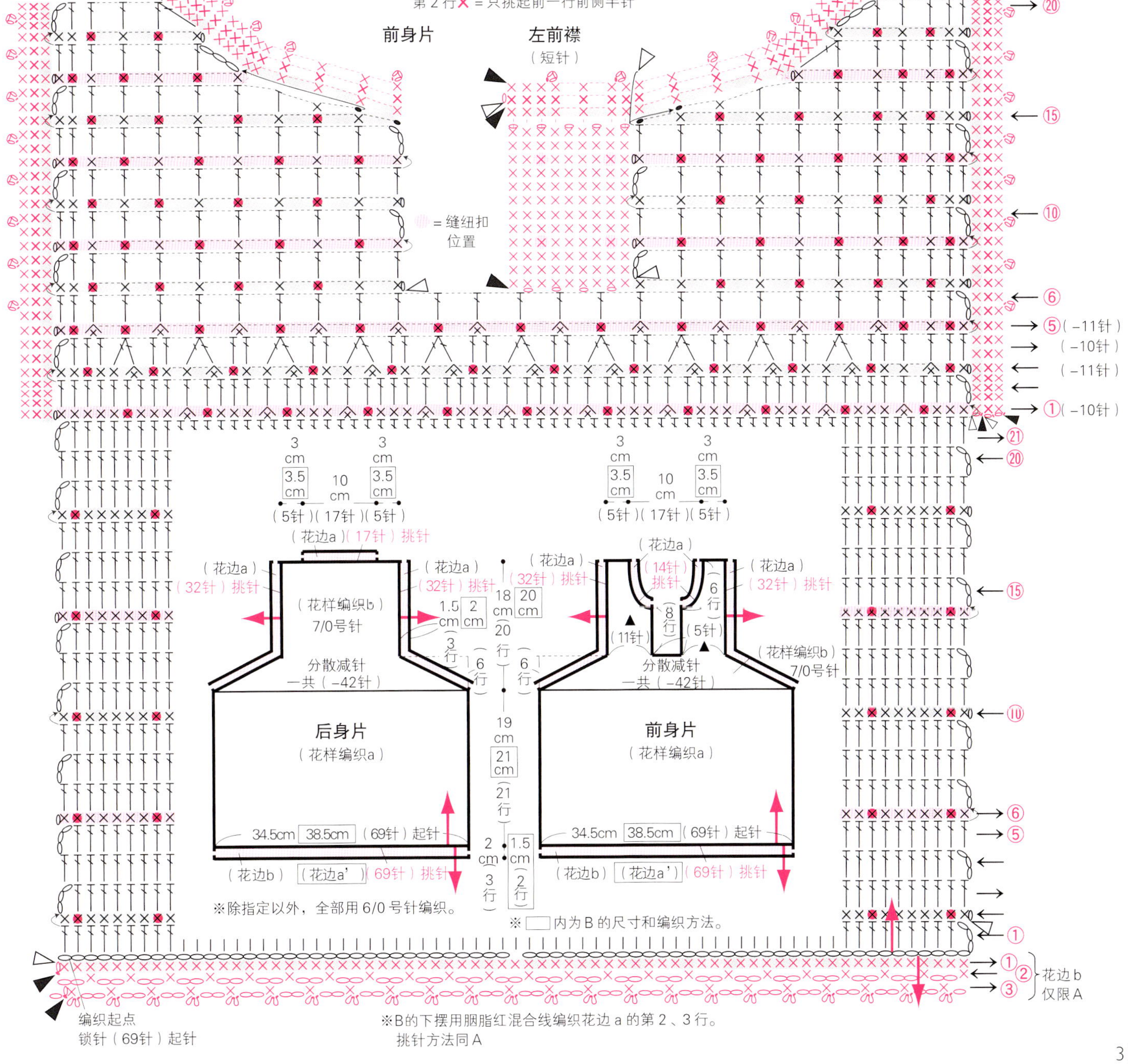

※B的下摆用胭脂红混合线编织花边 a 的第 2 、3 行。
挑针方法同 A

披肩 A、B、C

编织方法…p.34

这款披肩下摆的立体花装饰非常抢眼。可以将肩部包裹得严严实实，给宝宝换衣服时也不用担心她受凉了。

披肩 C
帽子 A

编织方法…披肩 C–p.34
帽子 A–p.42

12~24
个月

这款披肩还搭配有配套的帽子，这样就搞定宝宝的出门装啦！

披肩 A、B、C

作品…A、B–p.32，C–p.32、p.33

♥ A 的材料

MILKY BABY　12（粉色）…140g，9（本白色）…25g

♥ B 的材料

MILKY BABY　6（蓝色）…95g，5（淡蓝色）…40g

♥ C 的材料

MILKY BABY　9（本白色）…105g，15（浅驼色）…40g

♥ 钩针

6/0 号针

♥ 密度

10cm × 10cm 花样编织 21 针 × 9.5 行

♥ 完成尺寸

参见图片

♥ 编织方法

1 编织主体部分

A…锁针（96针）起针，编织成环形，编织16个花样、17行花样编织a。

B…锁针（96针）起针，编织成环形，编织16个花样、17行花样编织b。

C…锁针（102针）起针，编织成环形，编织17个花样、17行花样编织b。

2 编织花边

在编织起点一侧，编织1行环形花边。

3 编织连接花片

A…将16片花片a连接成环形。

B…将15片花片b连接成环形。

C…将16片花片b连接成环形。

4 编织绳带

参见图示。

5 编织小花

环形起针，编织1行。

6 整理完成

绳带穿入主体部分的第1行，在绳带两端缝上小花。将连接的花片的最后一行重合缝在主体部分编织终点的最后2行上。

A、B　主体部分 {A…粉色 B…蓝色}

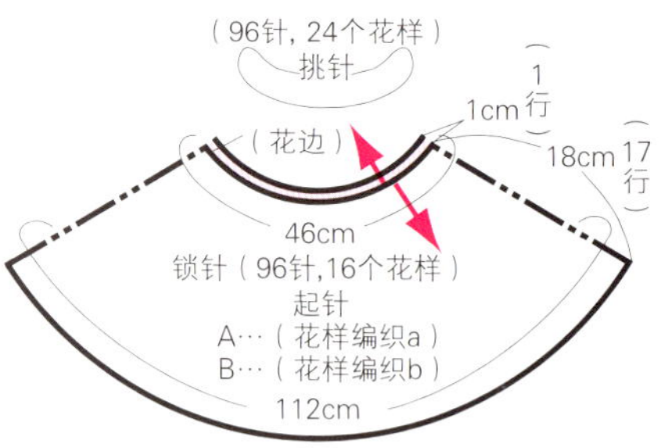

C　主体部分　本白色

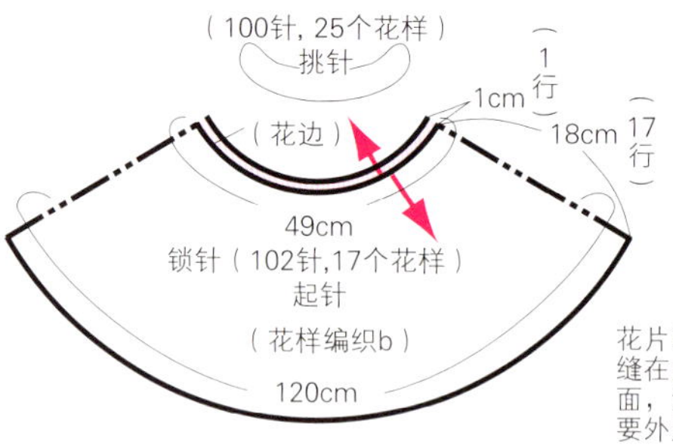

6 整理完成

完成

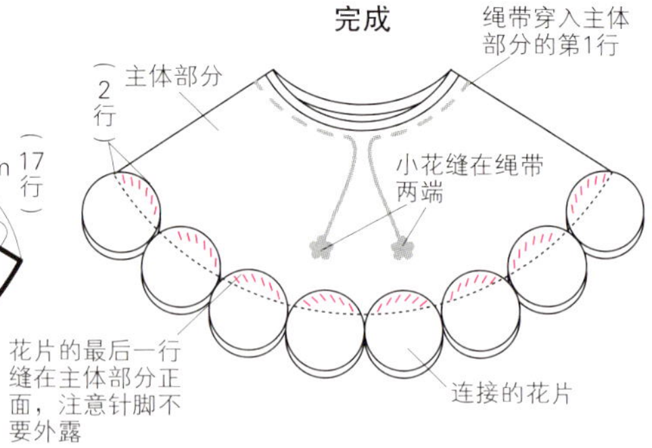

A　花片连接（花片a）

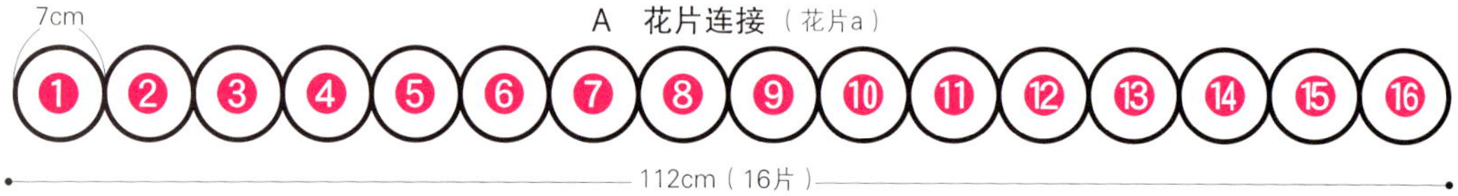

B　花片连接（花片b）

C　花片连接（花片b）

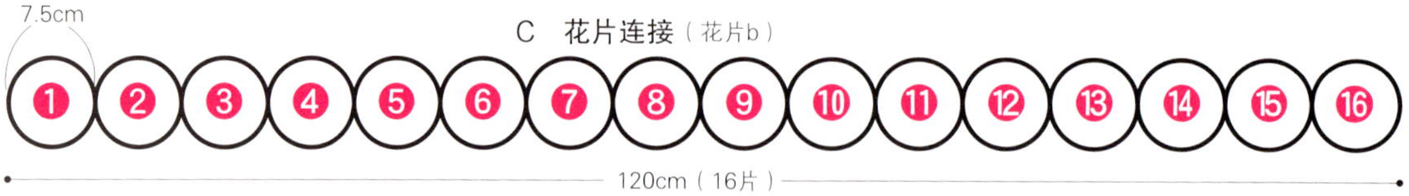

4 编织绳带

绳带 1根　A、B、C 通用

{A…粉色 B…淡蓝色 C…浅驼色}

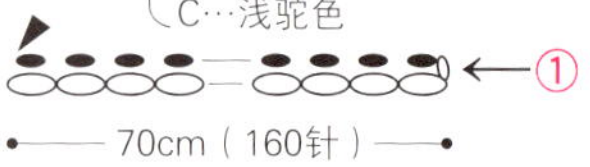

5 编织小花

小花　2片　A、B、C 通用

{A…粉色 B…淡蓝色 C…浅驼色}

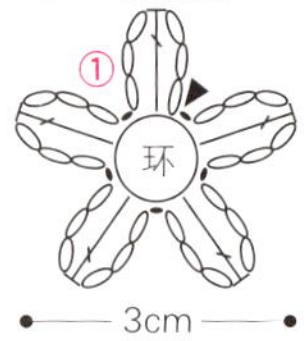

3 编织连接花片

A　花片连接

花片a

{—— = 粉色　—— = 本白色}

※按照❶～⓰的顺序连接，连成一个环形。

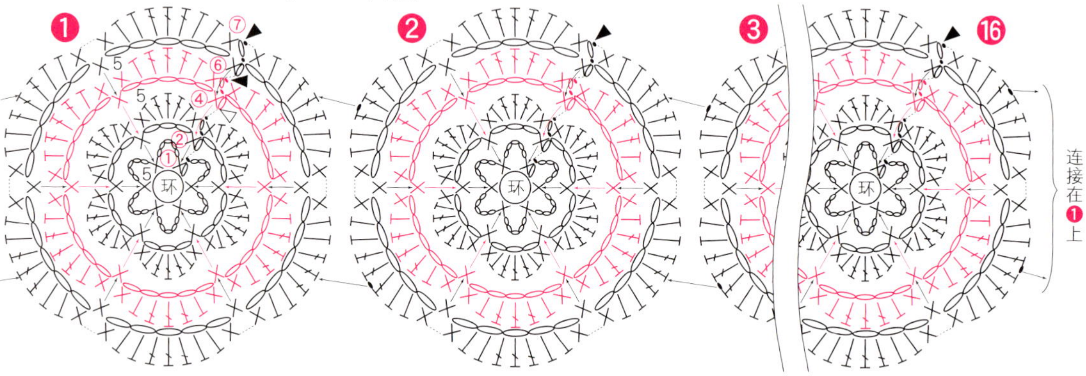

1 编织主体部分
2 编织花边

A　主体部分

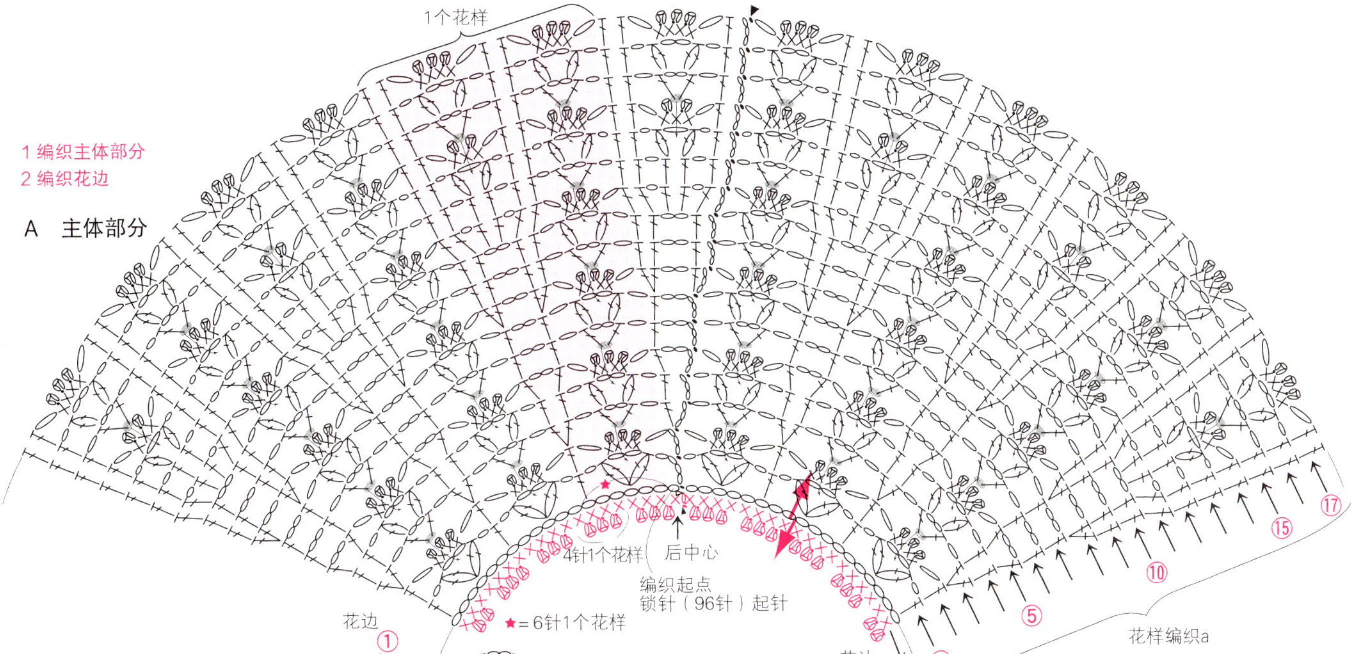

A、B　穿绳带位置

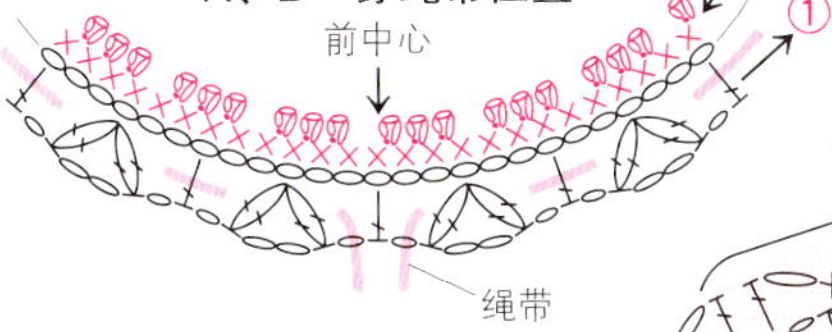

C
穿绳带位置

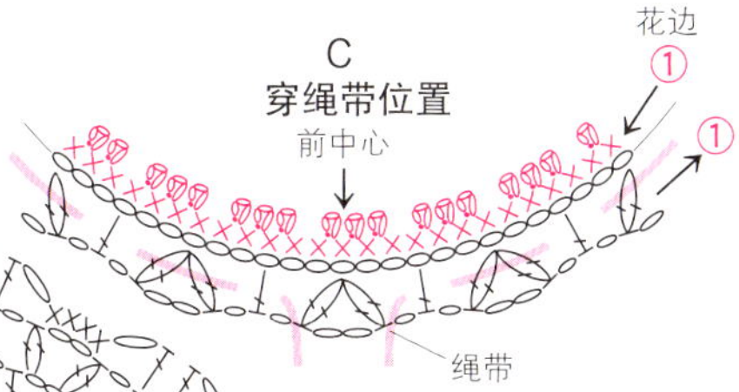

1 编织主体部分
2 编织花边

B、C　主体部分

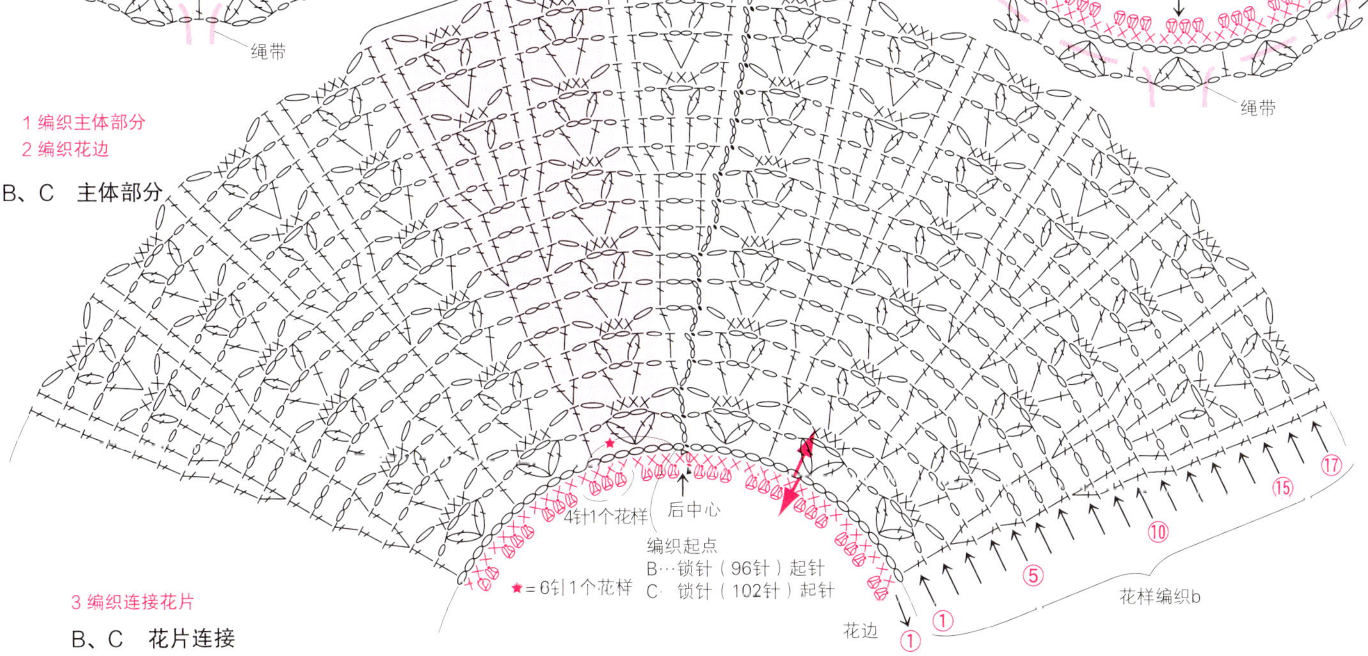

3 编织连接花片

B、C　花片连接

花片b

⓯（B）※按照❶～⓯的顺序连接成环形。
⓰（C）※按照❶～⓰的顺序连接成环形。

B ——— = 淡蓝色
——— = 蓝色

C ——— = 浅驼色
——— = 本白色

儿童鞋 A、B

鞋面上的装饰和鞋襻的纽扣是不是令这可爱的儿童鞋萌翻啦?

编织方法…p.38

小围巾 A、B

编织方法…p.39
要点详解…p.6

12~24
个月

极具个性的小围巾，蓬蓬的绒球穿过小熊、小兔子背后的线圈就暖暖地围在宝宝的脖子上了，巧妙而可爱吧！

儿童鞋 A、B

作品…A–p.36，B–p.36、p.48

♥ A 的材料

MILKY BABY　9（本白色）…21g，3（浅粉色）…1g

直径 1cm 的纽扣…2 颗

绣线（黑灰色）…少许

♥ B 的材料

PREMIO　8（粉色）…21g，4（淡紫色）…少许

直径 1cm 的纽扣…2 颗

♥ 钩针

A…5/0 号针

B…6/0 号针、5/0 号针

♥ 完成尺寸

参见图片

♥ 编织方法

1 编织鞋底

锁针（12 针）起针，如图所示进行 5 行花样编织。

2 编织侧面

接着鞋底继续进行 6 行花样编织，再断线。在指定位置接线，编织 3 行鞋襻。

3 编织A的小兔子装饰

小兔子面部是环形起针，编织 3 行。小兔子耳朵是锁针（3 针）起针，编织 1 行。面部与耳朵请参见图示进行整理。

4 编织B的心形装饰

锁针（7 针）起针，如图所示进行编织。

5 整理完成

参见完成图示进行整理。

左脚 ※右脚则与左脚对称编织。

B…6/0号针

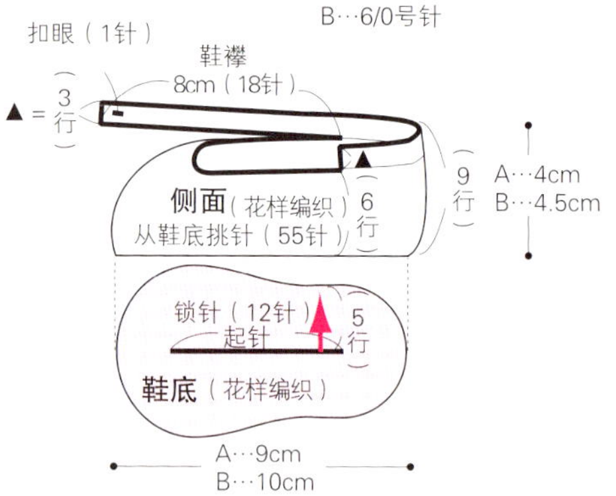

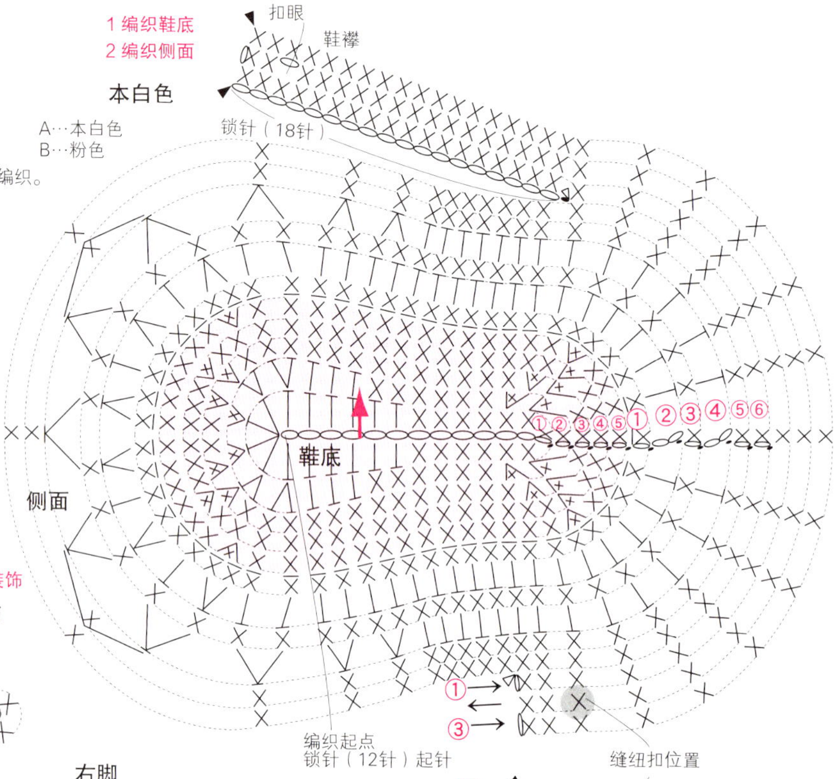

右脚

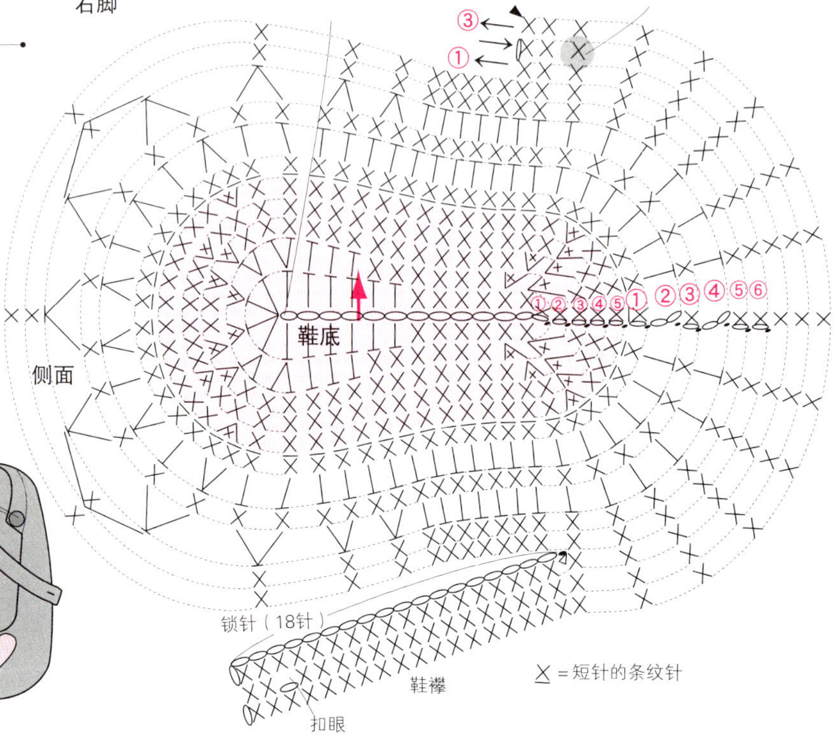

X ＝短针的条纹针

3 编织A的小兔子装饰

A　小兔子面部

浅粉色 2片

※绣线要将线头处轻轻捏松，抽出6根线中的2根，使其成为4根线再使用。

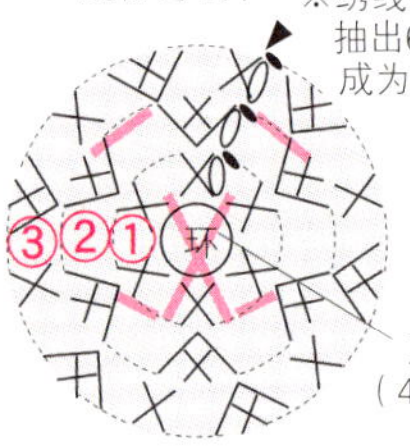

2.5cm

4 编织B的心形装饰

B　心形装饰

淡紫色 2片

5/0号针

2.5cm

A　小兔子耳朵

浅粉色 4片

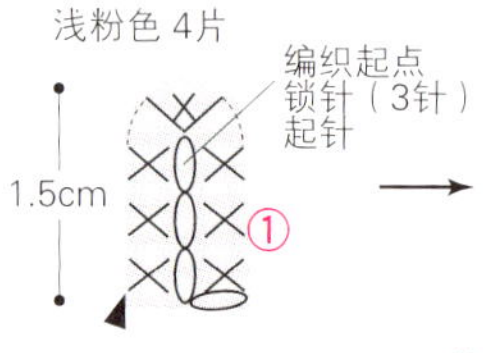

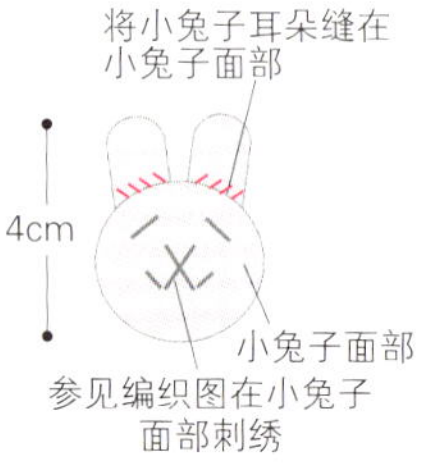

5 整理完成

完成

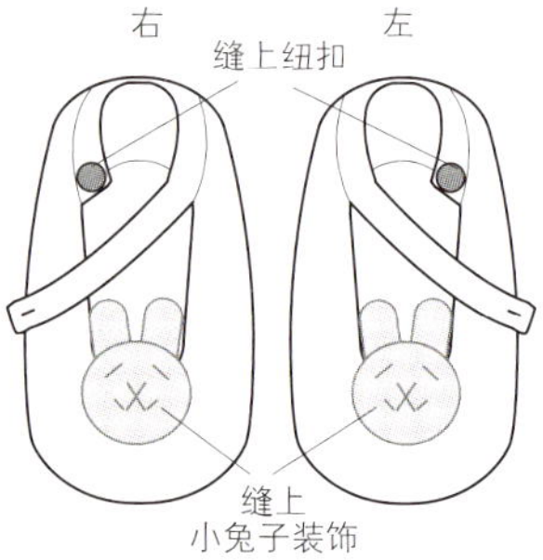

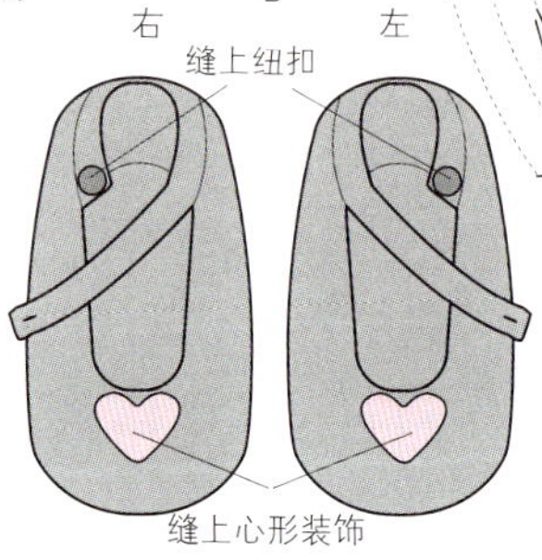

小围巾 A、B

作品…A–p.37，B–p.37、p.44
要点详解…p.6

♥ **A 的材料**
TREE HOUSE LEAVES　1（本白色）…80g
PREMIO　21（灰色）…少许

♥ **B 的材料**
TREE HOUSE LEAVES　2（蓝色）…80g
PREMIO　21（灰色）…少许

♥ **钩针**
6/0 号针

♥ **密度**
10cm × 10cm 花样编织 21.5 针 × 8.5 行

♥ **完成尺寸**
参见图片

♥ **编织方法**

1 编织主体部分
锁针（15 针）起针，如图所示进行 51 行花样编织。再将第 51 行的边缘疏缝拉紧。

2 编织绒球穿带
锁针（5 针）起针，如图所示编织 24 行短针。

3 编织A的小兔子装饰
环形起针，如图所示正、反两面各编织 1 片，在正面进行刺绣。

4 编织B的小熊装饰
环形起针，如图所示正、反两面各编织 1 片，在正面进行刺绣。

5 制作绒球
绒球要在 7.5cm 宽的硬纸板上绕线 300 圈进行制作（请参见 p.6）。

6 整理完成
参见完成图示进行整理。

1 编织主体部分

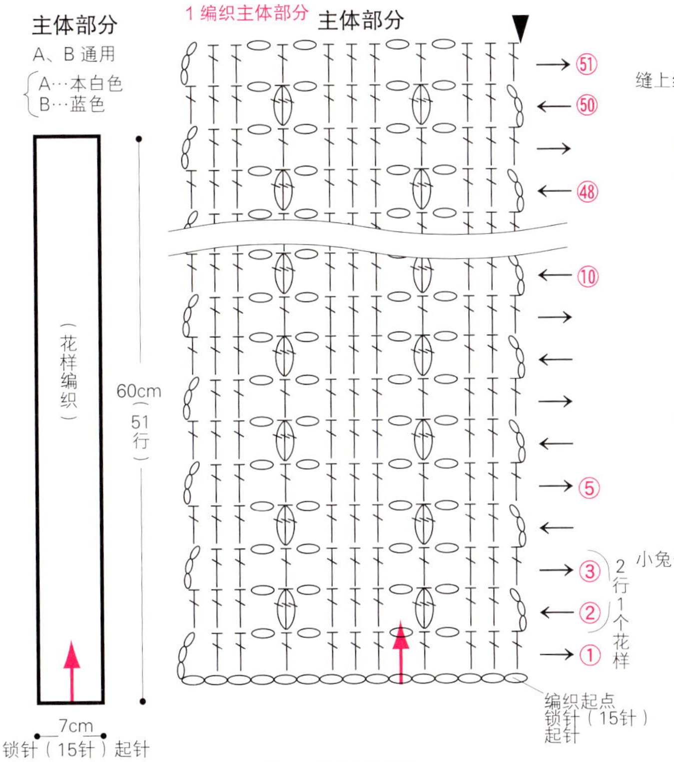

6 整理完成

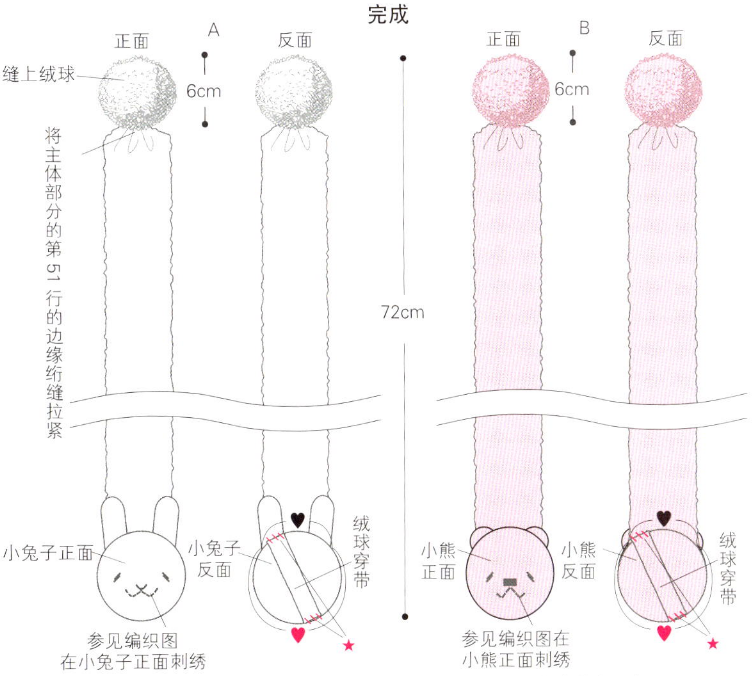

♥…在正面与反面之间插入主体部分编织起点一端2行左右的长度缝合固定。
♥…将正、反两面对齐挑针缝接缝。
★…将绒球穿带的两端缝在反面。

5 制作绒球（请参见p.6）

绒球 1个　A、B 通用　A…本白色　B 蓝色
※在7.5cm宽的硬纸板上绕线300圈。

3 编织A的小兔子装饰

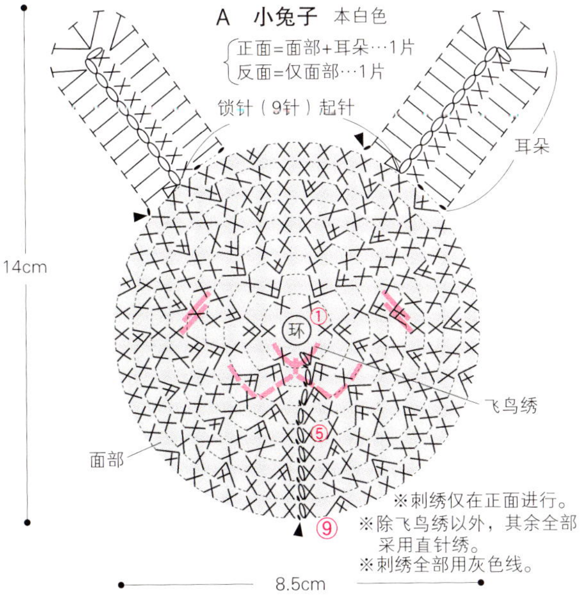

4 编织B的小熊装饰

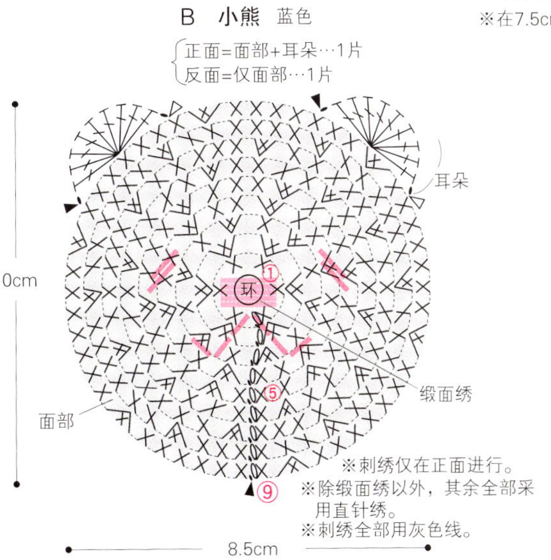

2 编织绒球穿带

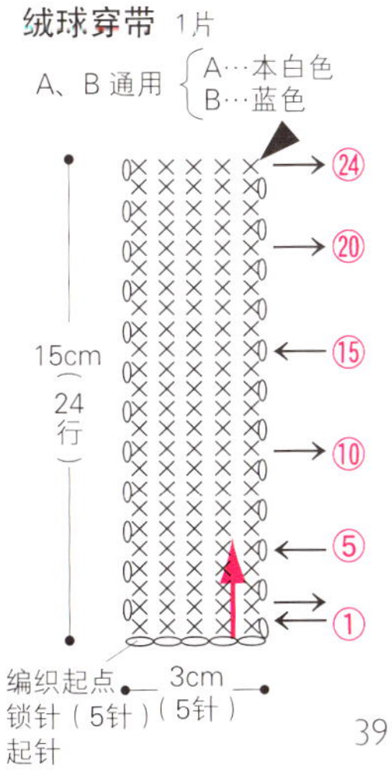

帽子 A、B、C、D

编织方法…p.42

这几款帽子有的配上了立体花，有的加了小兔子耳朵，绝对是宝贝们百搭的小帽子哦。

小兔子耳朵帽搭配白色马甲，宝宝看起来是不是像只可爱的小白兔？

D

帽子 A、B、C、D

作品…A–p.33、p.40，B、C–p.40，D–p.41

♥ A 的材料
MILKY BABY 9(本白色)…30g，15(浅驼色)…5g

♥ B 的材料
MILKY BABY 12（粉色）…35g，9（本白色）…3g

♥ C 的材料
MAKEMAKE 23（橙色系混合）…26g
TREE HOUSE LEAVES 4（橙色）…15g

♥ D 的材料
MILKY BABY 9（本白色）…33g
直径 0.7cm 的黑色纽扣…2 颗
直径 1.1cm 的茶色纽扣…1 颗

♥ 钩针
A…6/0 号针
B…5/0 号针
C、D…7/0、6/0 号针

♥ 密度
A…花样编织a 1个花样7cm×10cm11行
B…花样编织b 1个花样6.5cm×10cm12行
C…花样编织a 1个花样7.3cm×10cm9.5行
D…花样编织a 1个花样7.3cm×10cm9.5行

♥ 完成尺寸
参见图片

♥ 编织方法

1 编织主体部分
A…环形起针，如图所示进行15行花样编织a。接着编织2行短针。
B…环形起针，如图所示进行15行花样编织b。接着编织2行短针。
C…环形起针，如图所示进行13行花样编织a。接着换线编织3行花边。
D…环形起针，如图所示进行13行花样编织a。接着编织3行花边。

2 整理完成
A…花片环形起针，编织5行，编织2片后再缝在主体部分上。
B…花片环形起针，编织7行，编织2片后再缝在主体部分上。
C…绒球参见图示制作，再缝在主体部分的头顶中心。
D…小兔子耳朵部分环形起针，编织19行，编织2片后再缝在主体部分上。最后缝上纽扣。

1 编织主体部分

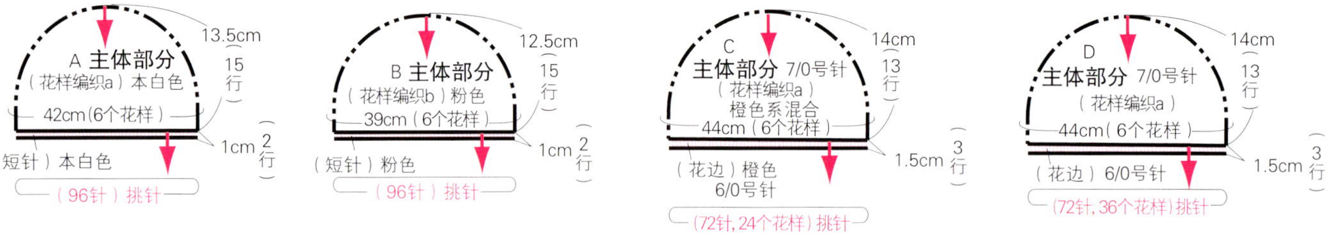

2 整理完成

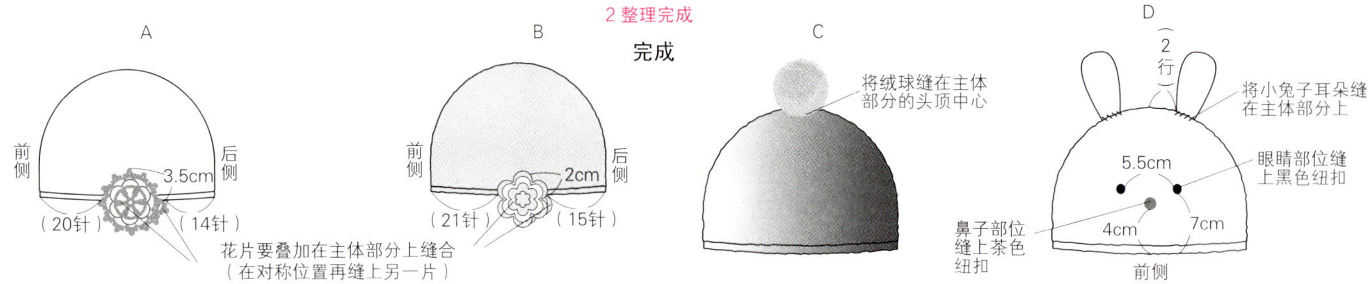

A 花片
2片

B 花片
2片

D 小兔子耳朵 2片 6/0号针

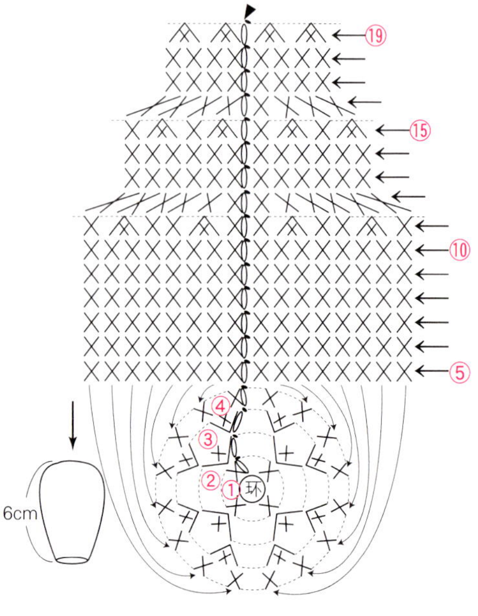

C 绒球 橙色 1个

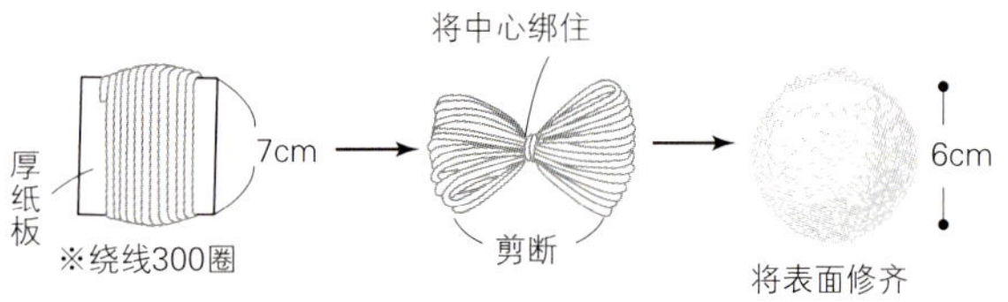

A 主体部分

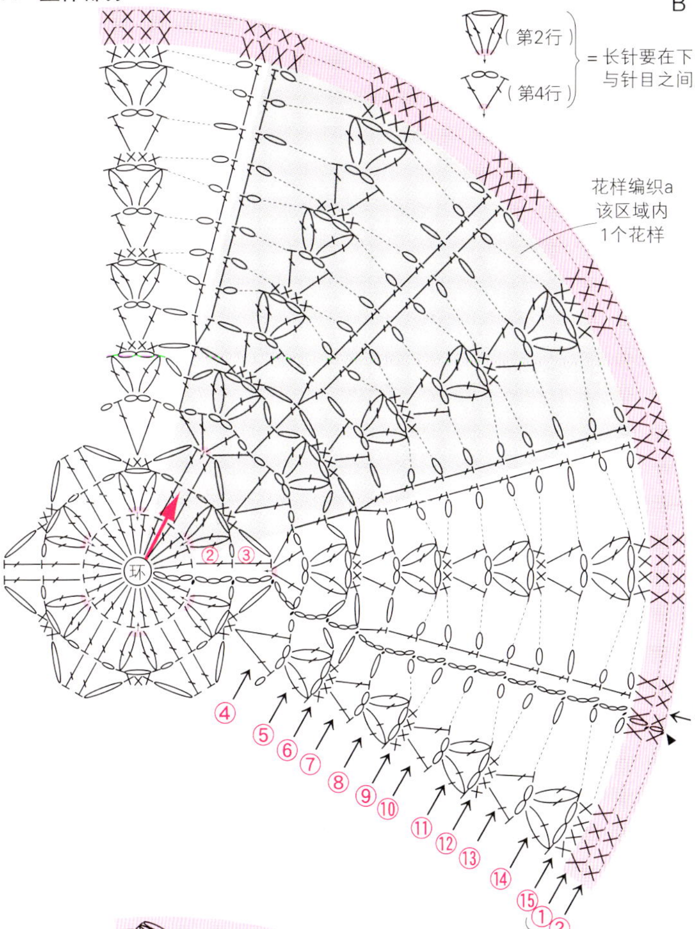

B 主体部分

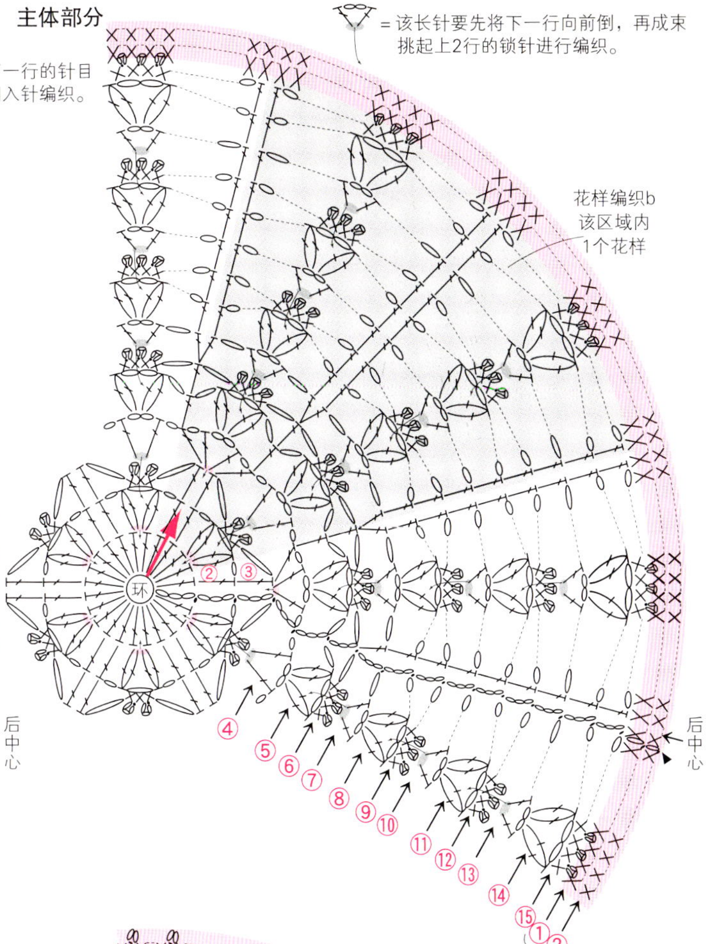

C 主体部分

7/0号针

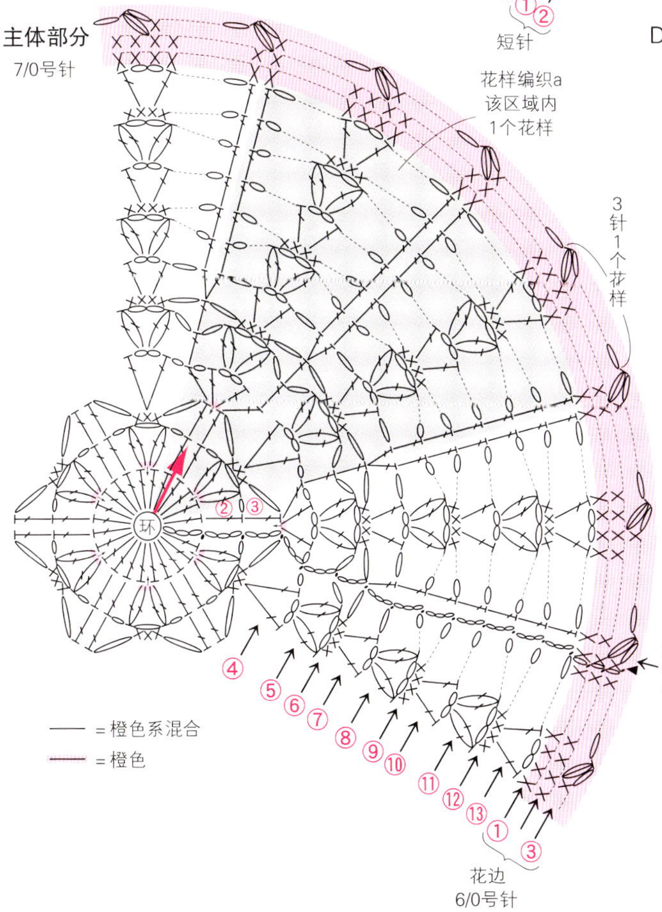

—— =橙色系混合

—— =橙色

D 主体部分

7/0号针

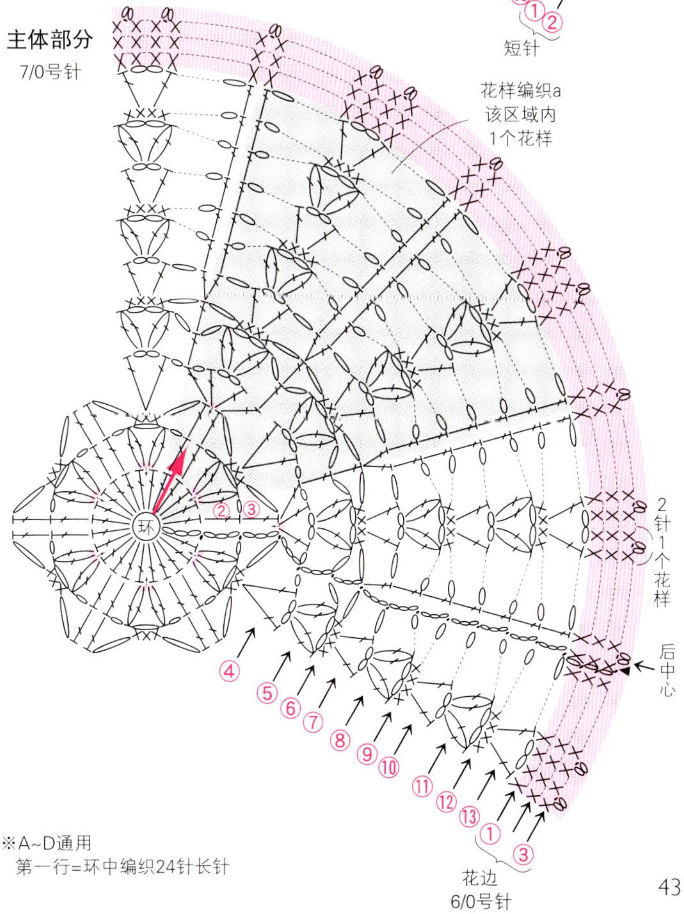

※A~D通用
第一行=环中编织24针长针

马甲 A
小围巾 B

编织方法…马甲 A–p.46　小围巾 B–p.39
要点详解…p.6

12~24
个月

颇具立体感的本白色马甲绝对百搭，而且保暖效果好。

马甲 B

编织方法…p.46
要点详解…p.6

12~24
个月

粉色花边的马甲最适合女孩儿穿啦，
给人一种粉嫩而温暖的感觉。

马甲 A、B

作品…A–p.44，B–p.45
要点详解…p.6

♥ A 的材料
MERINO KIDS　201（本白色）…115g
直径 1.7cm 的纽扣…2 颗

♥ B 的材料
MERINO KIDS　210(浅茶色）…80g，204（粉色）…40g
直径 1.7cm 的纽扣…2 颗

♥ 钩针
6/0 号针

♥ 密度
10cm × 10cm花样编织a 20针 × 10行

♥ 完成尺寸
A…胸围 64cm，衣长 32cm，肩背宽 23cm
B…胸围 64cm，衣长 32.5cm，肩背宽 23cm

♥ 编织方法

1 编织后身片
锁针（64针）起针，进行27行花样编织a（请参见p.6）。

2 编织左、右前身片
锁针（31针）起针，进行27行花样编织a（请参见p.6）。

3 连接肩部，缝合两肋
以挑针缝订缝连接肩部，两肋挑针缝接缝（请参见p.4）。

4 编织花样编织b
在左前身片接线，接后身片、右前身片从编织起点一侧挑针，编织8行花样编织b（请参见p.7）。

5 编织花边a、b
袖窿要在环形状态下编织3行短针。接着前襟与领口用往返针编织3行短针。只有B要接着前襟的短针继续在下摆部分编织1行花边b。

6 整理完成
在右前襟上缝 2 颗纽扣。

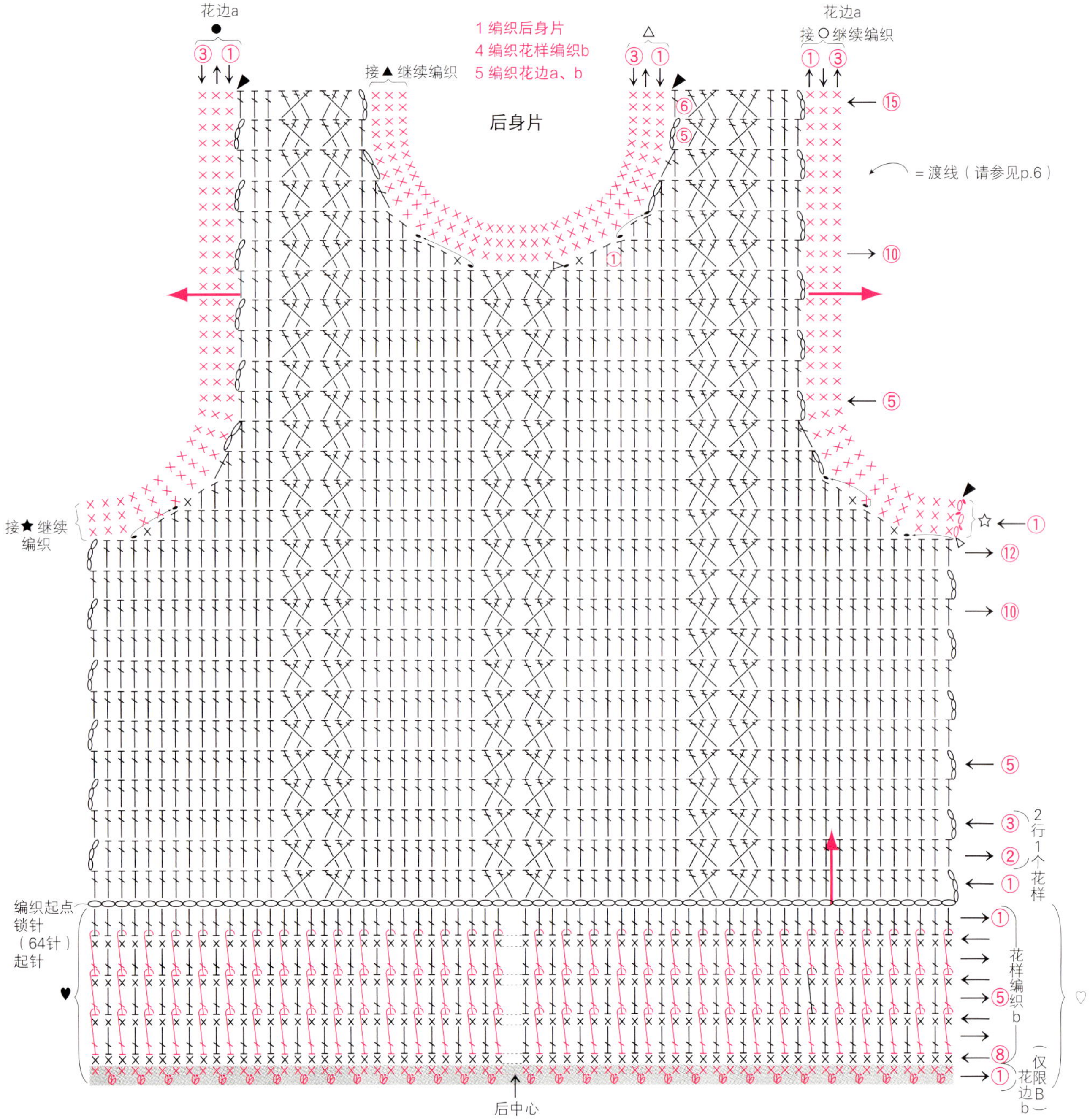

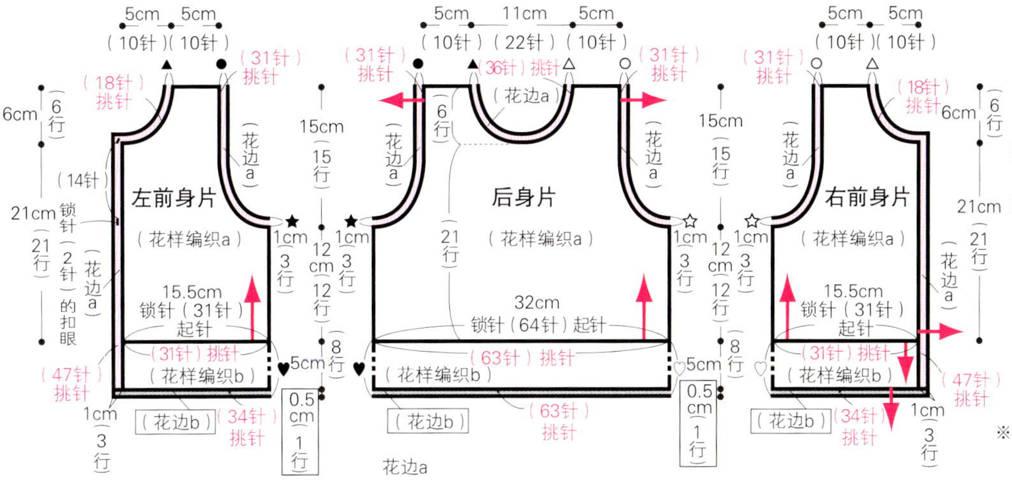

※A全部用本白色线编织。

※B的配色 花样编织a=浅茶色
花样编织a以外=粉色

※□内为B的尺寸和编织方法。

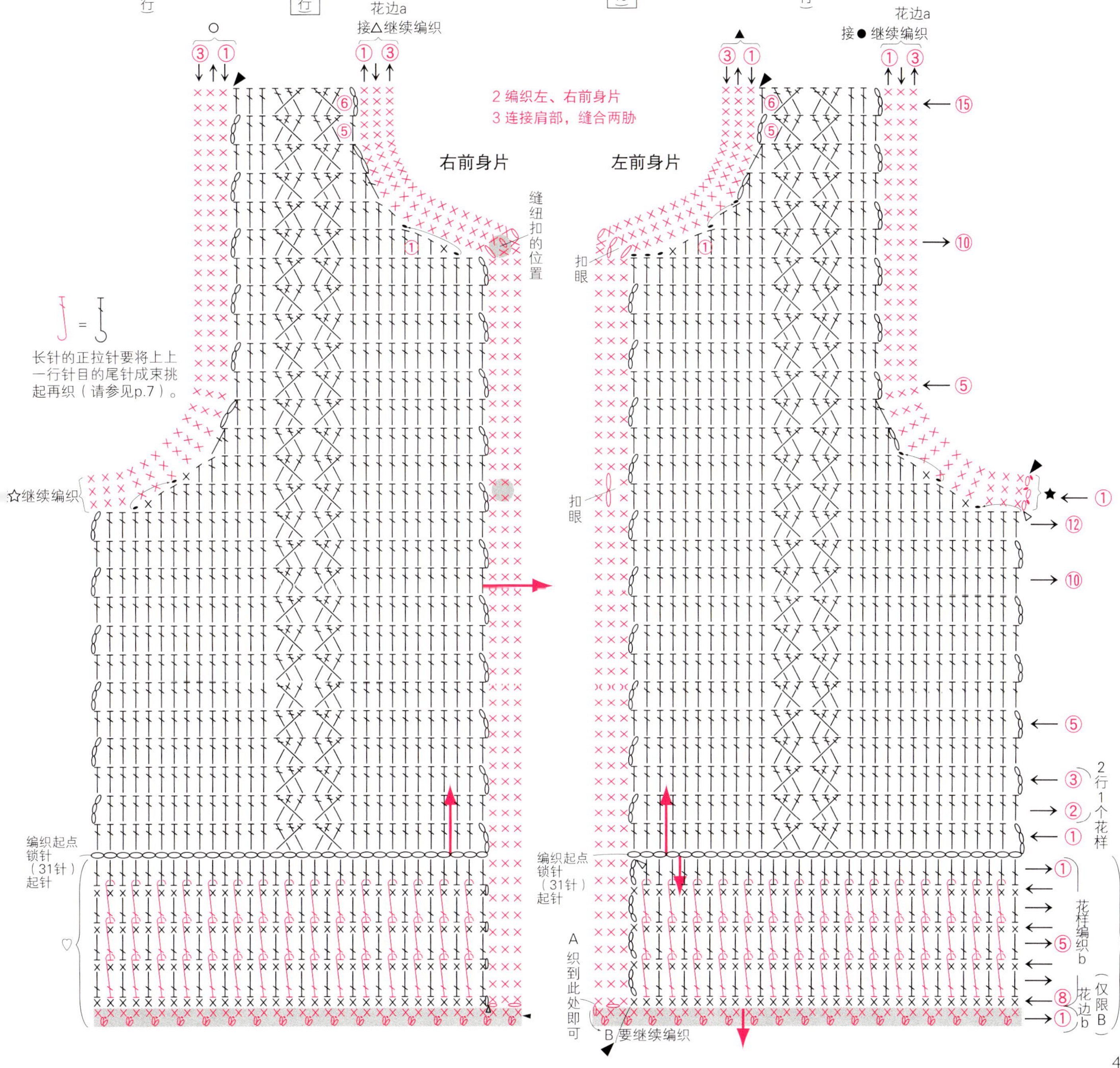

长针的正拉针要将上上一行针目的尾针成束挑起再织（请参见p.7）。

背心裙 A
儿童鞋 B

拼接色的背心裙搭配同色系的儿童鞋，真是非常可爱的套装啊！

编织方法…背心裙 A－p.50
儿童鞋 B－p.38

12~24
个月

背心裙 B

编织方法 …p.50

12~24
个月

实用的小口袋加上紫色的刺绣边，令这款素色背心裙不再单调。

背心裙 A、B

作品…A–p.48，B–p.49

♥ A 的材料

PREMIO　8（粉色）…100g，4（淡紫色）…50g

直径 1.5cm 的纽扣…4 颗

♥ B 的材料

PREMIO　24（驼色）…155g，18（紫色）…1g

直径 1.5cm 的纽扣…4 颗

♥ 钩针

A…6/0、4/0 号针

B…6/0 号针

♥ 密度

10cm × 10cm 花样编织 20 针 × 12.5 行

♥ 完成尺寸

胸围 63cm，衣长 40cm

♥ 编织方法

1 编织后身片

锁针（73 针）起针，进行 26 行花样编织。减针编织 3 行短针，接着如图所示进行 29 行花样编织。

2 编织前身片

锁针(73 针)起针，进行 26 行花样编织。减针编织 3 行短针，接着如图所示进行 21 行花样编织。

3 缝合两胁

两胁挑针缝接缝（请参见 p.4）。

4 编织花边

下摆编织 3 行花边a。袖窿、肩部、领口编织 2 行花边b。

5 编织 A 的绳带和装饰球

如图所示编织绳带。装饰球则环形起针，编织 4 行，塞入同色线，在最后一行穿过线再拉紧。

6 编织 B 的口袋

锁针（10 针）起针，参见图示进行编织。

7 整理完成

A…在前身片的肩部缝 4 颗纽扣。将绳带穿入指定位置，再在绳带两端缝上装饰球。

B…在前身片的肩部缝上 4 颗纽扣，再缝上2片口袋即完成。

※A 的配色 ｛＊的部分…粉色 ＊以外…淡紫色

※B 全部用驼色线编织。

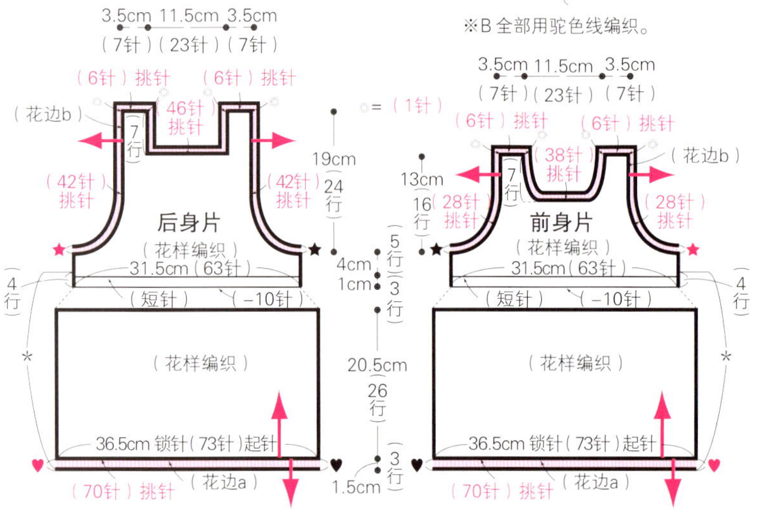

※身片全部用6/0号针编织。

6 编织B的口袋

B　口袋

驼色　2片　6/0号针

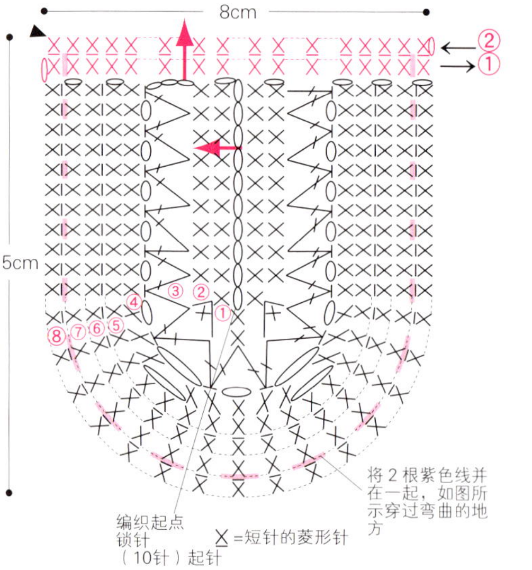

5 编织A的绳带和装饰球

A　绳带

淡紫色　1根　6/0号针

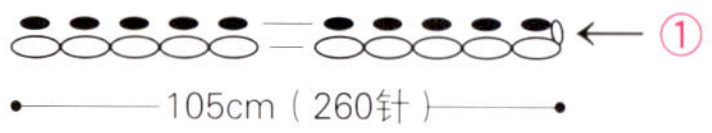

A　装饰球

淡紫色　2个　4/0号针

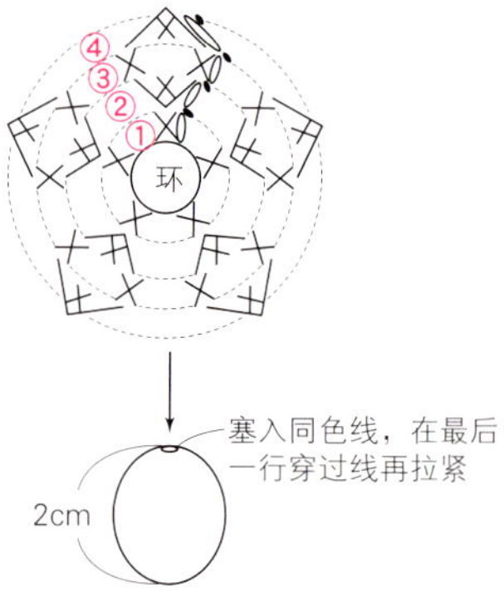

7 整理完成

完成

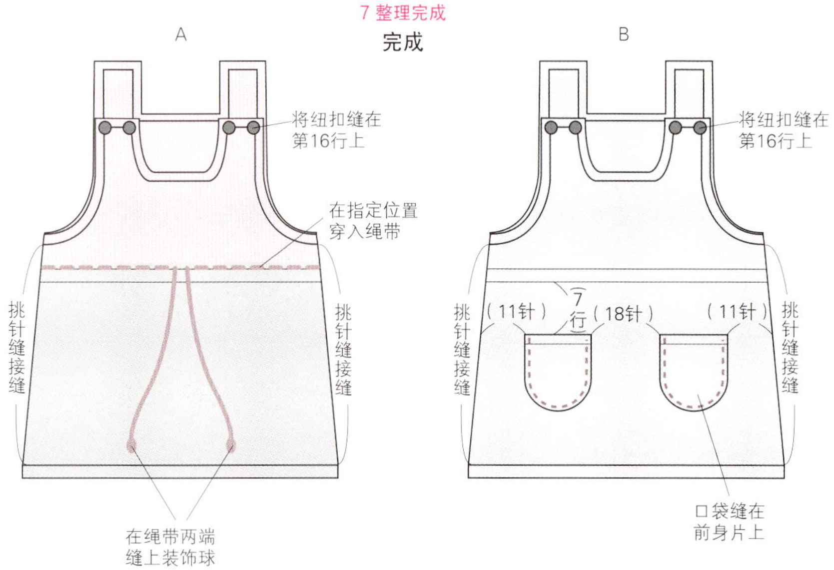

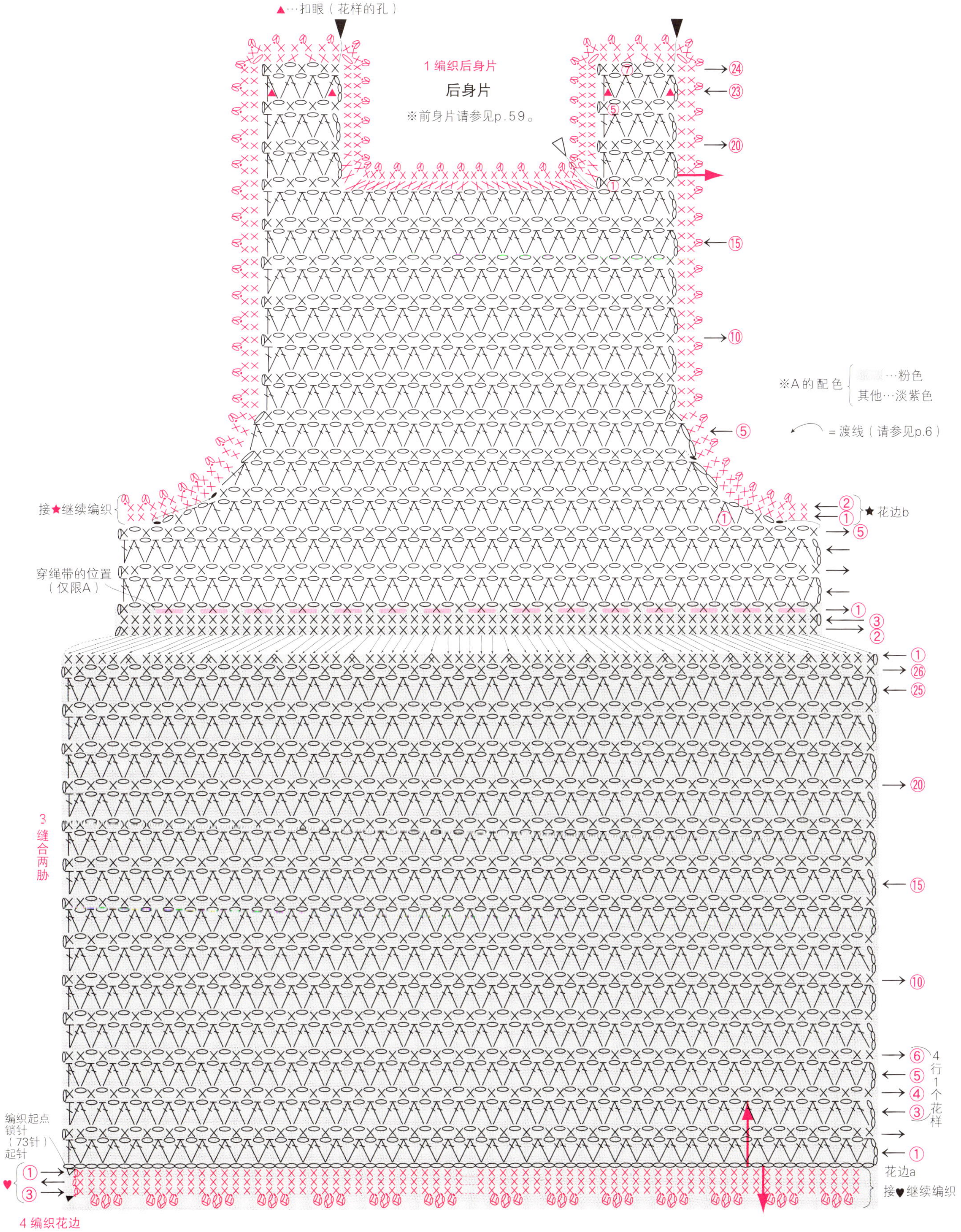

▲…扣眼（花样的孔）
1 编织后身片
后身片
※前身片请参见p.59。
※A的配色 …粉色
其他…淡紫色
= 渡线（请参见p.6）
接★继续编织
★花边b
穿绳带的位置（仅限A）
3 缝合两胁
4行1个花样
编织起点
锁针（73针）起针
花边a
接♥继续编织
4 编织花边

小夹克 A、B

编织方法…p.54

这款配有可拆卸风帽的小夹克上，用拉针织成的小麻花若隐若现，男女宝宝都很适合哦。

12~24
个月

拆掉风帽，搭配有领的打底衫，调皮又帅气，尽显男孩风！

小夹克 A、B

作品…p.52

♥ A 的材料

TREE HOUSE LEAVES　3（茶色）…310g

直径 1.5cm 的纽扣…9 颗

♥ B 的材料

TREE HOUSE LEAVES　6（深粉色）…310g

直径 1.5cm 的纽扣…9 颗

♥钩针

8/0 号针

♥密度

10cm × 10cm 花样编织 16 针 × 11.5 行

♥完成尺寸

胸围 66.5cm，衣长 31cm，袖长 19.5cm

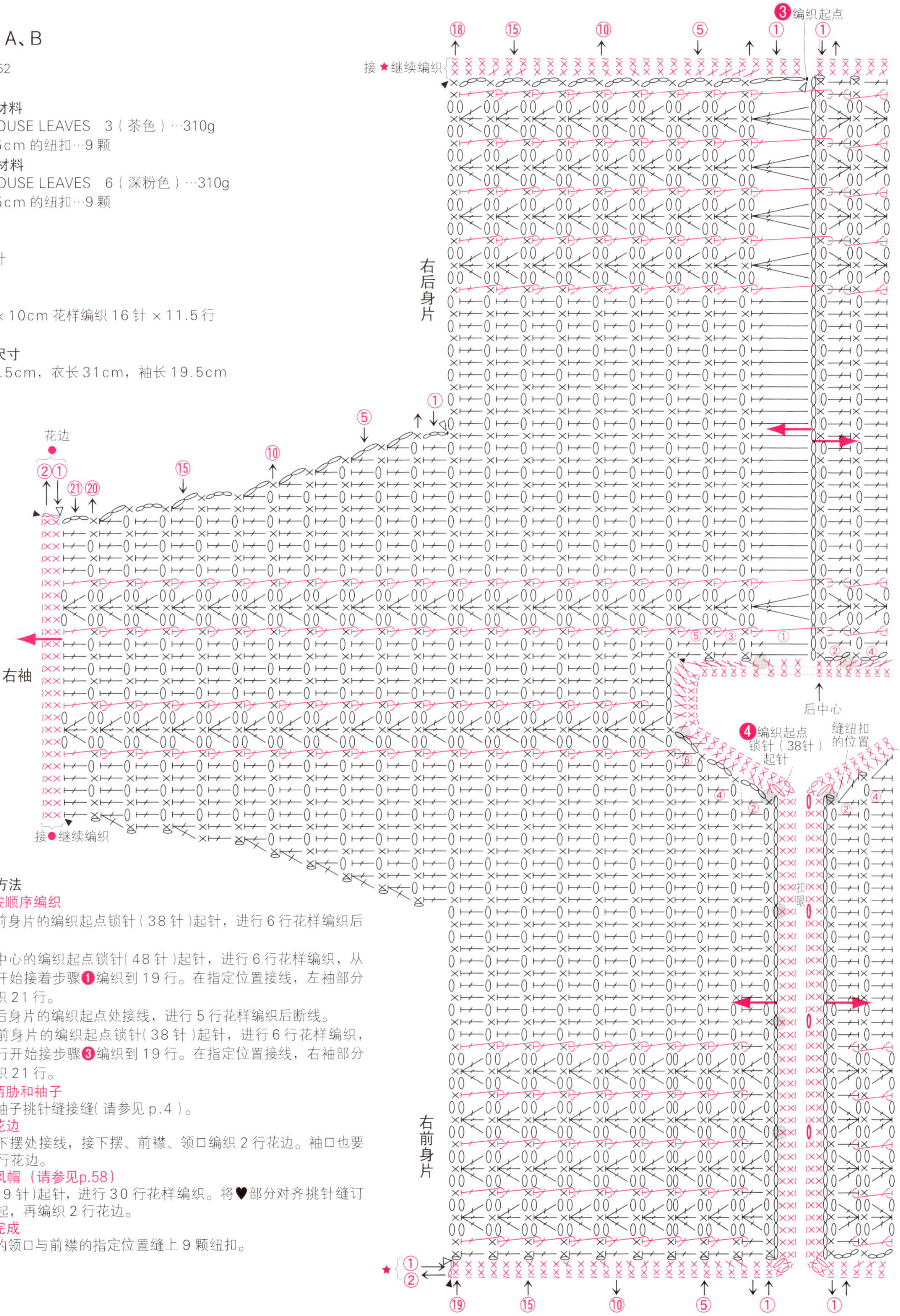

♥编织方法

1 身片按顺序编织

❶从左前身片的编织起点锁针（38 针）起针，进行 6 行花样编织后再断线。

❷从后中心的编织起点锁针（48 针）起针，进行 6 行花样编织，从第 7 行开始接着步骤❶编织到 19 行。在指定位置接线，左袖部分减针编织 21 行。

❸从右后身片的编织起点处接线，进行 5 行花样编织后断线。

❹从右前身片的编织起点锁针（38 针）起针，进行 6 行花样编织，从第 7 行开始接步骤❸编织到 19 行。在指定位置接线，右袖部分减针编织 21 行。

2 缝合两胁和袖子

两胁和袖子挑针缝接缝（请参见 p.4）。

3 编织花边

在右前下摆处接线，接下摆、前襟、领口编织 2 行花边。袖口也要编织 2 行花边。

4 编织风帽（请参见p.58）

锁针（49 针）起针，进行 30 行花样编织。将♥部分对齐挑针缝订缝在一起，再编织 2 行花边。

5 整理完成

在身片的领口与前襟的指定位置缝上 9 颗纽扣。

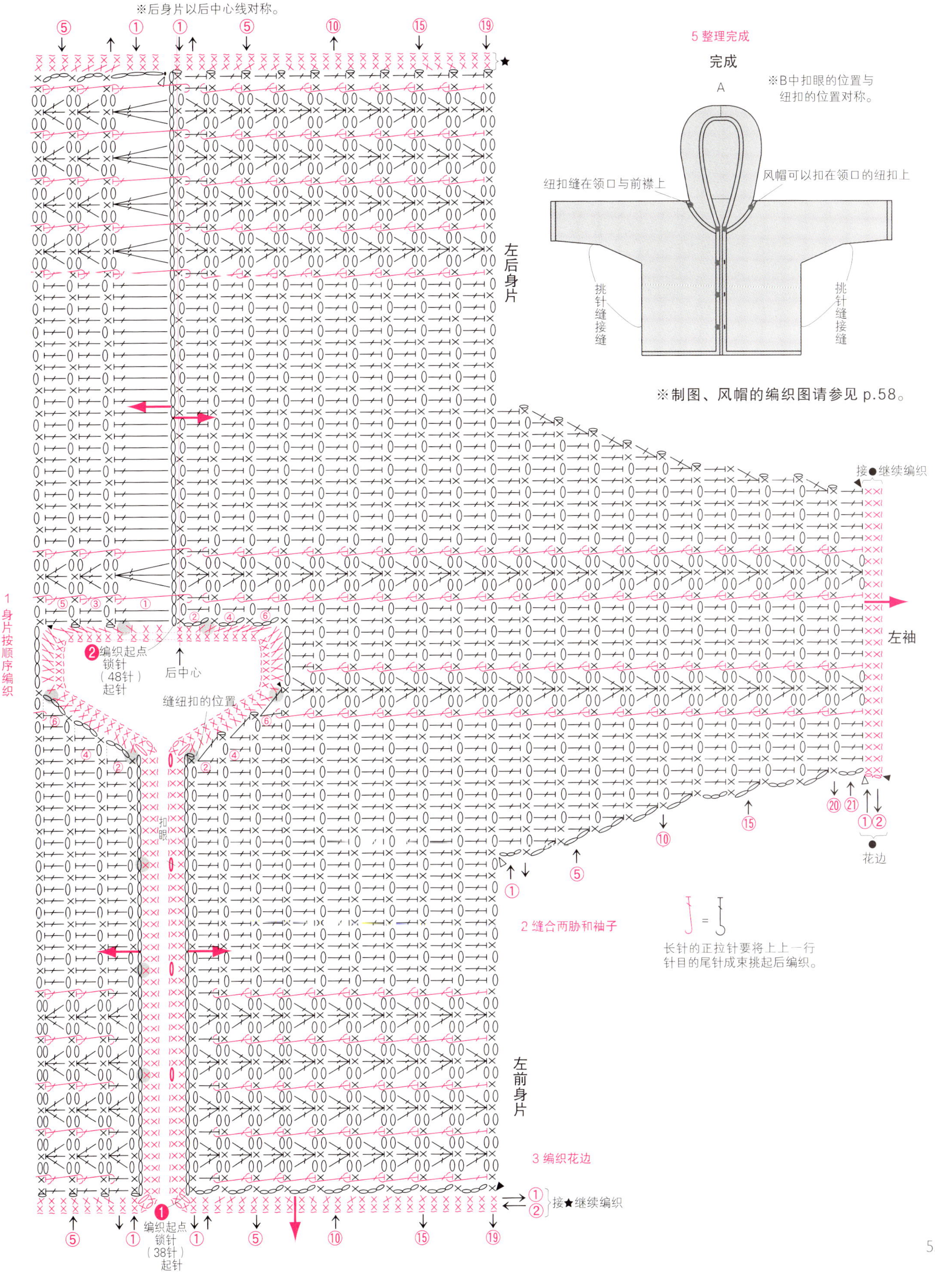

5 整理完成

※制图、风帽的编织图请参见 p.58。

材料指南

本书所用线的介绍 （实物等大图片）

※ 各种线的说明文字依次为材质→规格→线长→色数→适合针→价格。

※ 价格为 2013 年 7 月的含税价。
※ 由于印刷品的特殊性，线的色彩与标记的色号可能会存在色差。

可咨询有关用线的问题。
奥林巴斯制丝株式会社　电话 :052-931-6652

1

4

2

5

3

6

※ 根据国际汇率计算，1 元人民币约合 16 日元。

1 MILKY BABY
羊毛 60%，腈纶 40%　40g 线团　约 114m　15 色　钩针 5/0、6/0 号　441 日元

2 PREMIO
100% 羊毛（内含塔斯马尼亚波耳沃斯羊绒 40%）　40g 线团　约 114m　25 色　钩针 5/0、6/0 号　630 日元

3 MERINO KIDS
100% 羊毛（100% 美利奴羊毛）　40g 线团　约 108m　13 色　钩针 5/0、6/0 号　546 日元

4 MAKEMAKE
90% 羊毛（美利奴羊毛），10% 马海毛（婴儿马海毛）　25g 线团　约 62m　20 色　钩针 6/0、7/0 号　441 日元

5 MAKEMAKE COCOTTE
100% 羊毛（内含 50% 美利奴羊毛）　25g 线团　约 65m　15 色　钩针 6/0、7/0 号　441 日元

6 TREE HOUSE LEAVES
80% 羊毛（美利奴羊毛），20% 婴羊驼毛　40g 线团　约 72m　10 色　钩针 7/0、8/0 号　714 日元

宝宝小礼服
庆典小礼服

上接 p.11

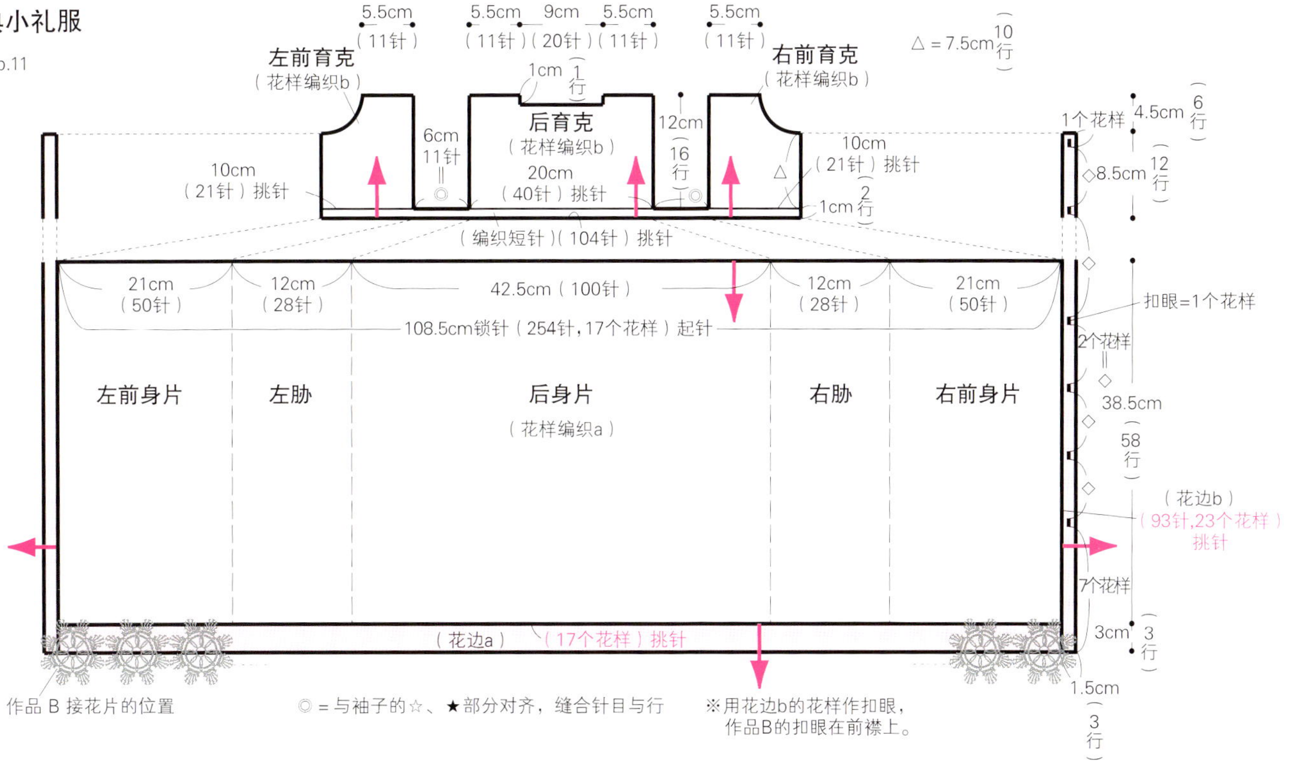

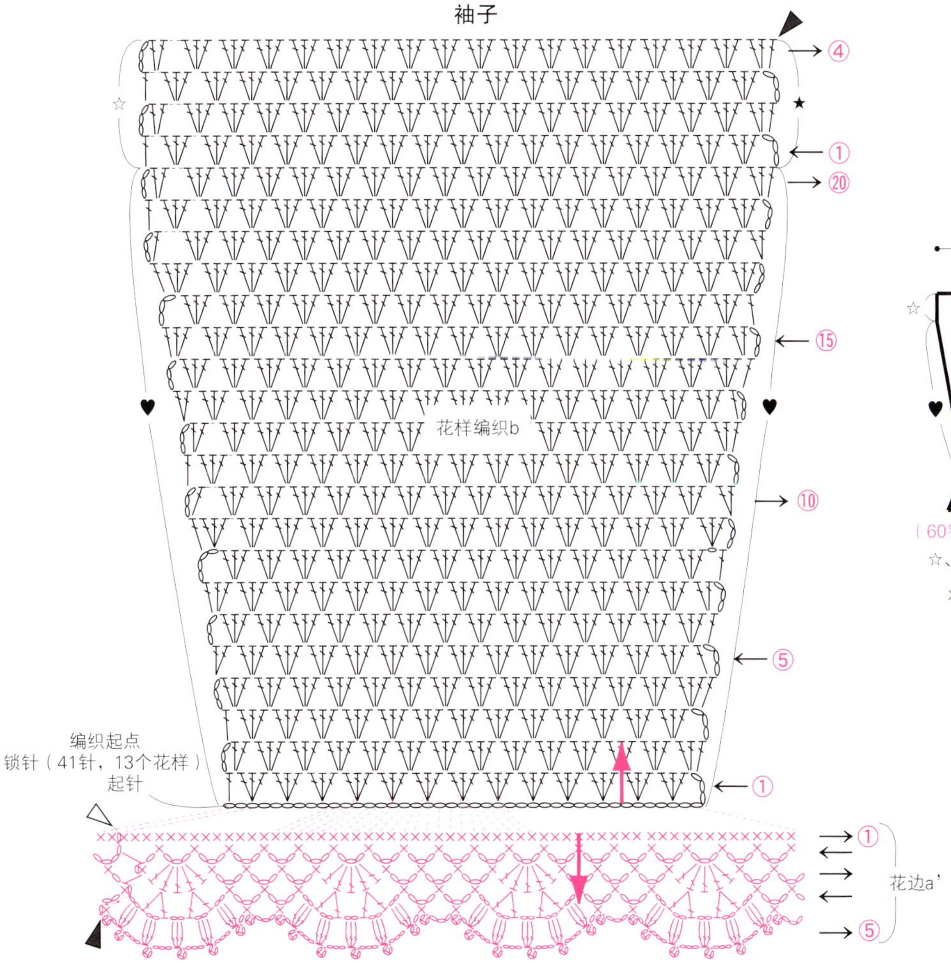

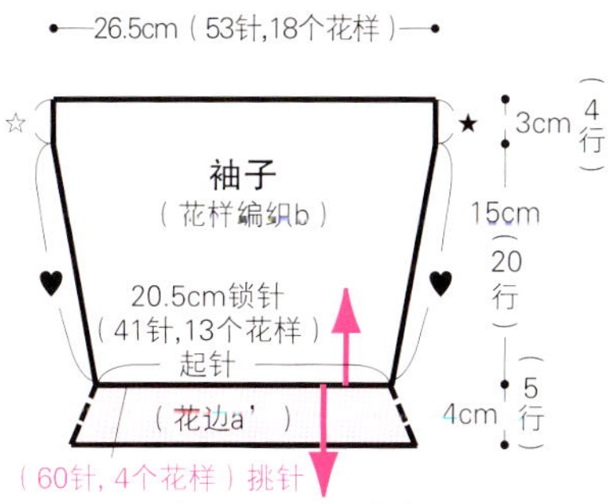

☆、★ = 与身片的◎对齐，缝合针目与行。

将♥部分对齐挑针缝接缝（请参见p.4）。

小夹克 A、B

上接 p.55

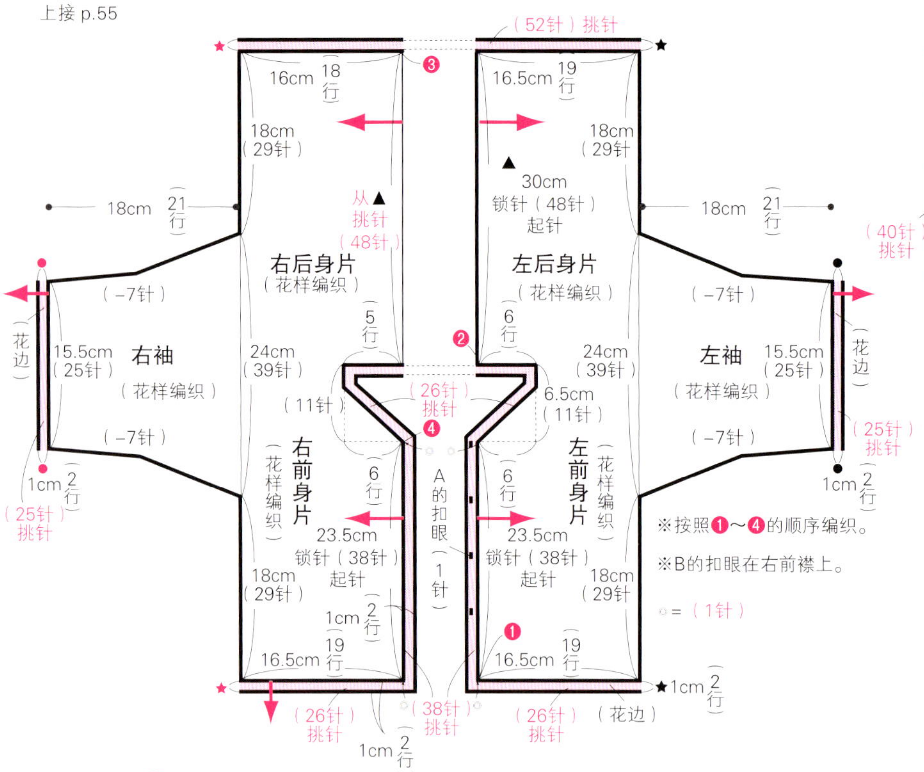

※按照❶~❹的顺序编织。

※B的扣眼在右前襟上。

○＝（1针）

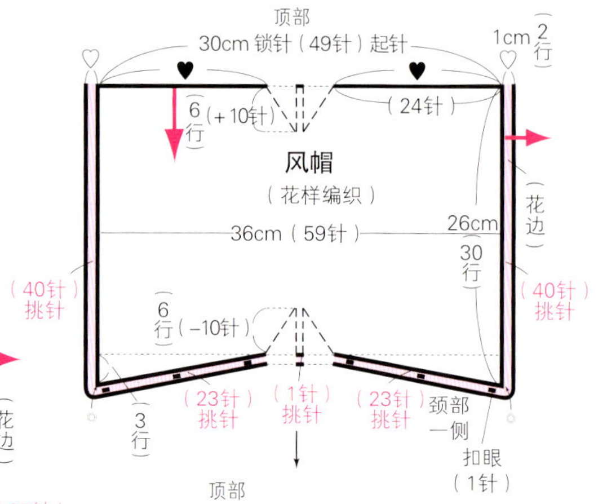

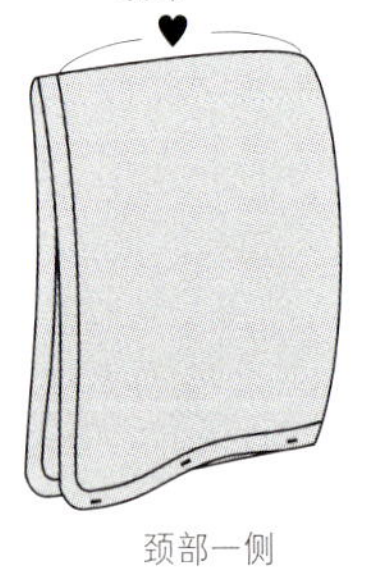

※将♥部分对齐挑针缝订缝在一起，再编织花边。

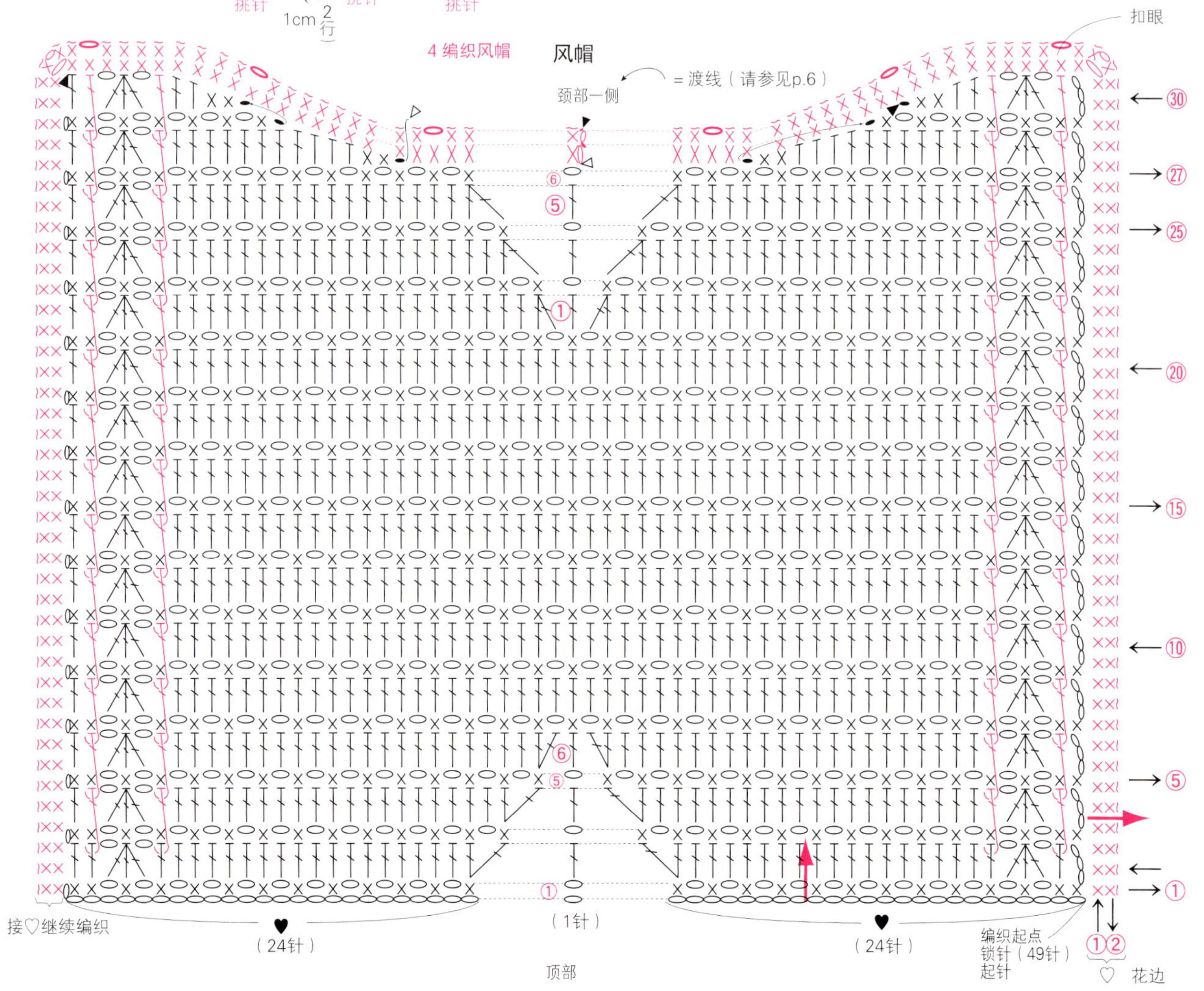

背心裙 A、B

上接 p.51

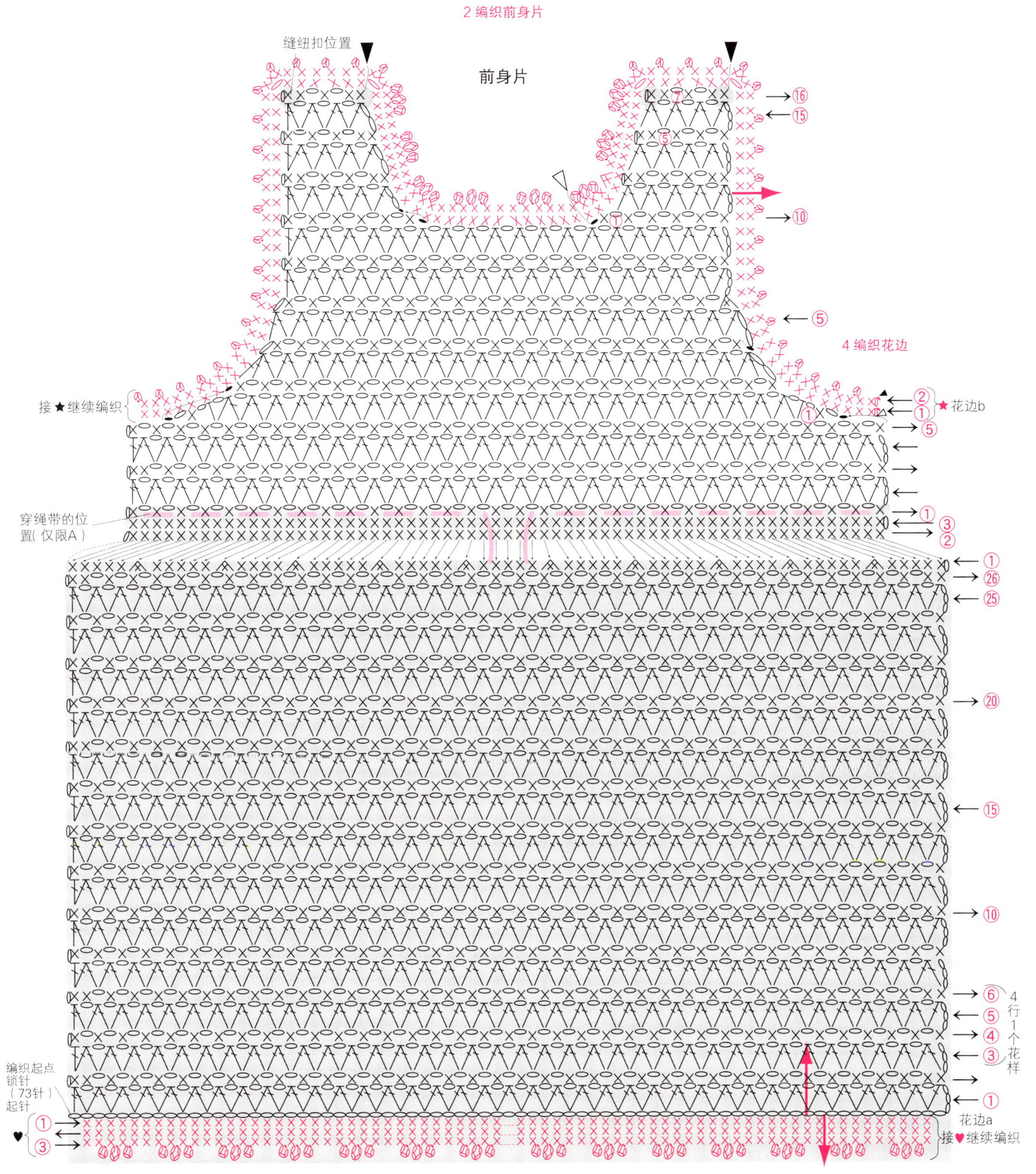
2 编织前身片
缝纽扣位置
前身片
16
15
10
5
4 编织花边
接★继续编织
2
1
★花边b
1
5
穿绳带的位置(仅限A)
1
3
2
1
26
25
20
15
10
6
5
4
3
1
4行1个花样
编织起点
锁针（73针）起针
♥
1
3
花边a
接♥继续编织

基础教程 钩针编织基础

♥看符号图的方法

符号图都是以从正面所见来表示的，且全部使用日本工业规格（JIS）所规定的针法符号。钩针编织不分上针、下针（拉针除外），要交替看着正、反两面编织的平针其表示符号也一样。

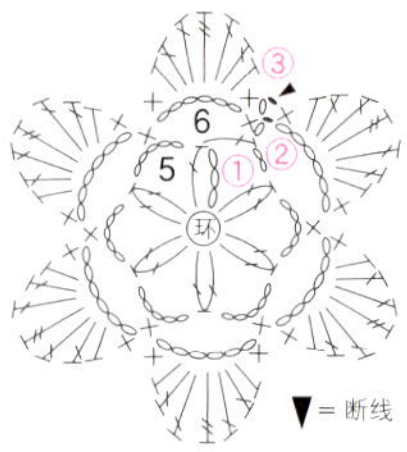

从中心开始环形编织时

在中心编织一个环（或者锁针环），要像画圆一样逐行编织。每行的起针处都是先编织立起的锁针，再往下编织。一般都是看着织片的正面，再对照符号图从右往左编织。

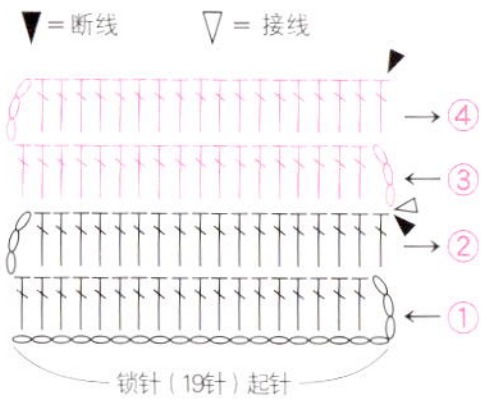

平针编织时

其特点是左右轮流编织立起的锁针。当在右侧编织立起的锁针时，要看着织片的正面，对照符号图从右往左编织。当在左侧编织立起的锁针时，要看着织片的反面，对照符号图从左往右编织。左图为从第3行换成配色线的符号图。

♥看锁针的方法

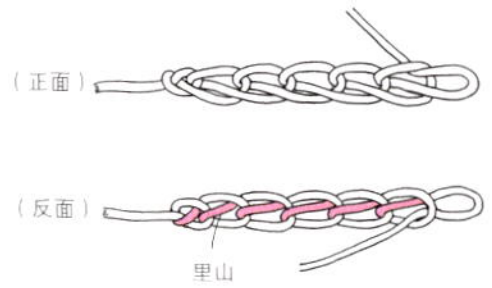

锁针有正、反面之分。反面正中的一根渡线称为锁针的“里山”。

♥手握针线的方法

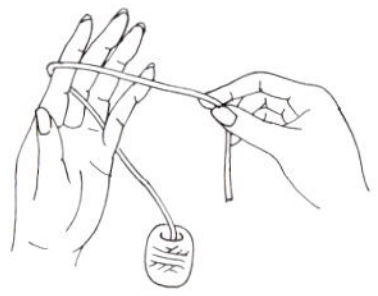

1 从左手的小指与无名指之间穿过线后，挂在食指上拉住线头。

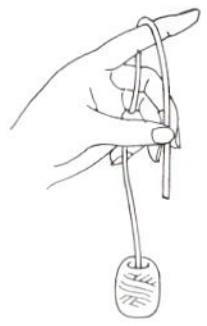

2 用拇指与中指捏住线头，竖起食指将线架起。

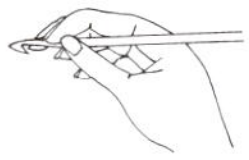

3 用右手的拇指与食指握针，针头轻抵中指。

♥起基本针的方法

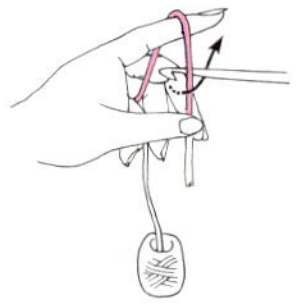

1 从线的内侧插入钩针，按照箭头所示方向转动针头。

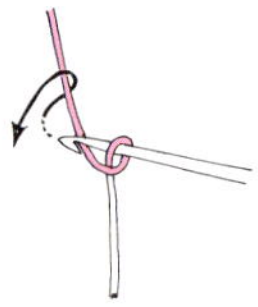

2 再将线挂在针头上。

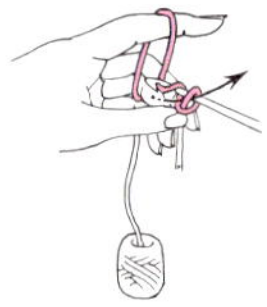

3 将挂线从钩针上的线圈中引出。

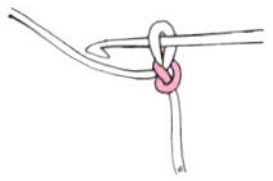

4 拉动线头，收紧线圈，就完成了基本针（这一针不计入针数）。

♥起针

从中心开始环形编织时（用线头做圆环）

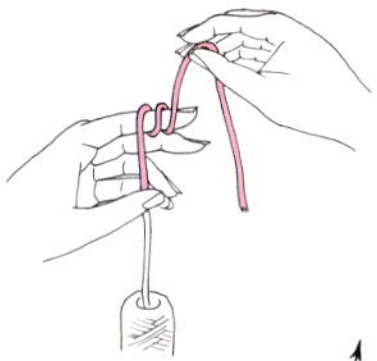

1 将线在左手的食指上绕2圈形成环。

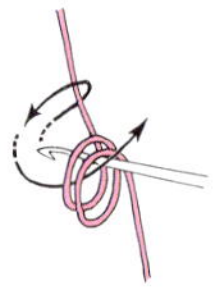

2 将环从手指上脱出，在环中心插入钩针，挂线后引出。

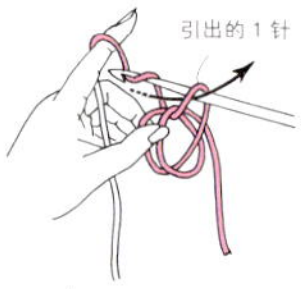

3 再次挂线后引出，编织1针立起的锁针。

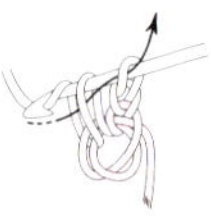

4 编织第1行时，在环中心插入钩针，挂线后引出，然后编织所需针数的短针。

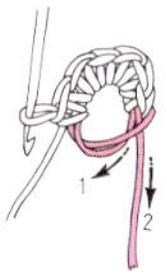

5 暂时将针抽出，拉动最开始的线环的线（1）和线头（2），将环拉紧。

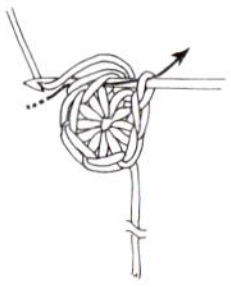

6 第1行要完成时，在最开始的短针的头针处入针，挂线后引出。

从中心开始环形编织时（用锁针做圆环）

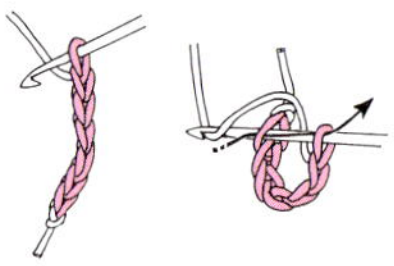

1 按所需针数编织锁针，在最开始的锁针的半针处入针，挂线后引出，形成圆环。

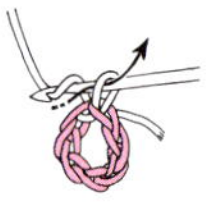

2 再次在钩针上挂线后引出，编织立起的锁针。

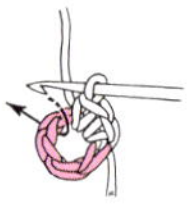

3 编织第1行时，将钩针插入圆环中，将锁针成束挑起，编织所需针数的短针。

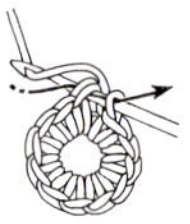

4 第1行要完成时，在最开始的短针的头针处入针，挂线后引出即可。

平针编织时

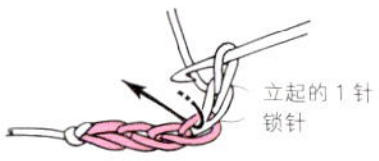

1 编织所需针数的锁针和立起的锁针，如图从一端的第2针锁针处入针，挂线后引出。

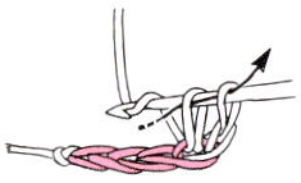

2 在钩针上挂线，按照箭头所示方向引拔出线。

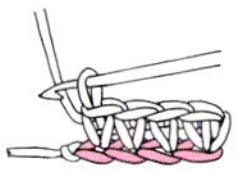

3 第1行完成的状态（立起的1针锁针不计入针数）。

♥挑前一行针目的方法

即使是同一种枣形针，符号图不同，挑针的方法也会不同。如果符号图下方是闭合的，则要织入前一行的 1 个针目里；如果符号图下方是开放的，则要将前一行的锁针成束挑起再编织。

织入 1 个针目里

1

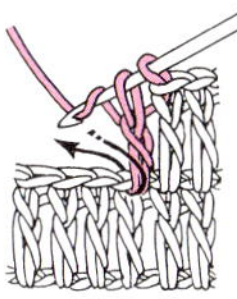

2

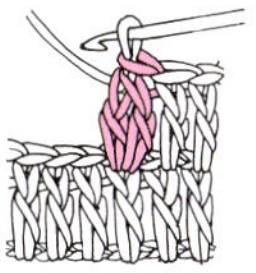

将锁针成束挑起再编织

1

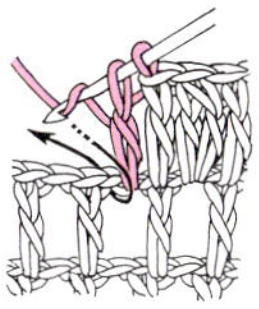

2

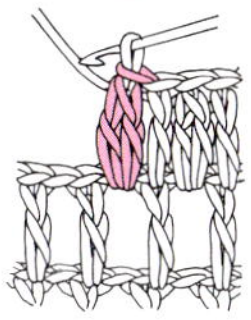

♥编织符号

锁针

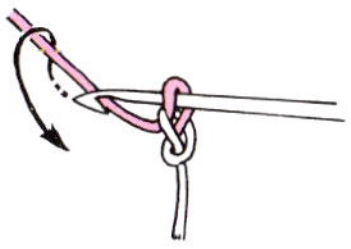

1 编织基本针后，在钩针上挂线。

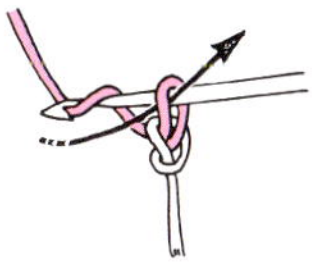

2 引出挂线，完成 1 针锁针。

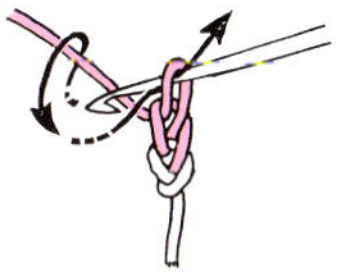

3 重复步骤 1 和步骤 2，继续编织。

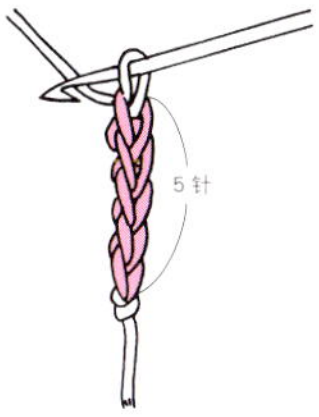

4 完成 5 针锁针。

引拔针

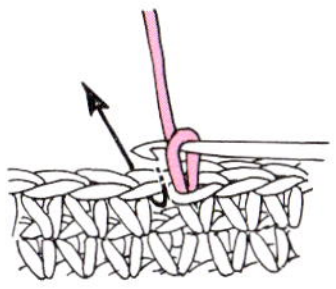

1 从前一行的针目中入针。

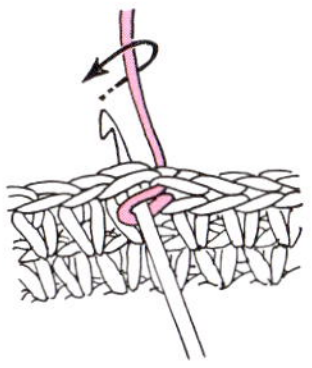

2 在钩针上挂线。

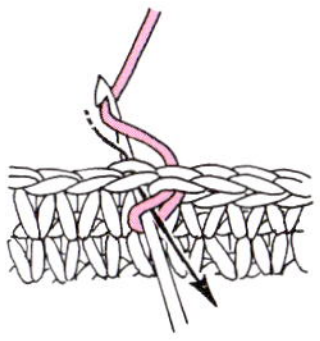

3 将线一次性引拔出。

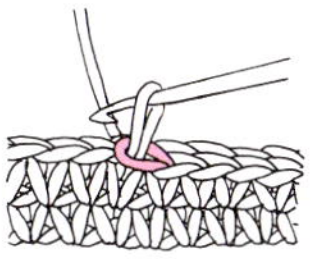

4 完成 1 针引拔针。

短针

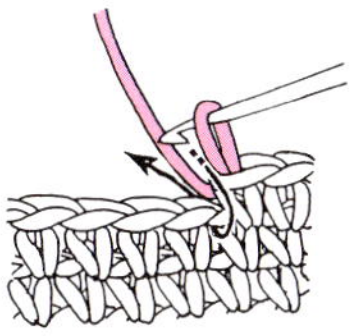

1 从前一行的针目中入针。

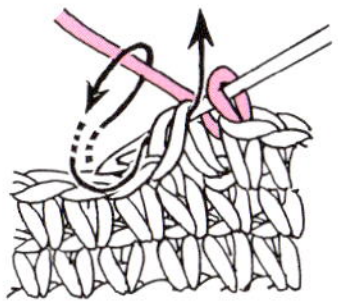

2 在针上挂线，按照箭头所示从线圈中引拔出线。

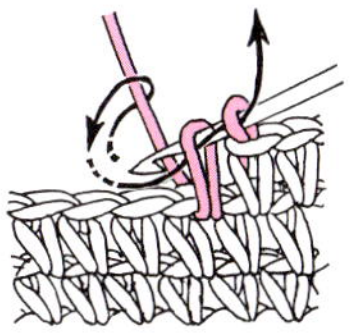

3 再次在针上挂线，从钩针上 2 个线圈中一起引拔出线。

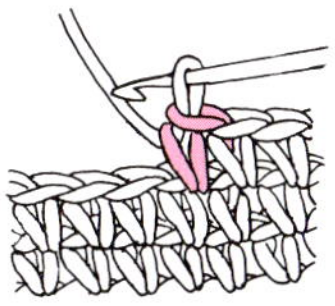

4 完成 1 针短针。

中长针

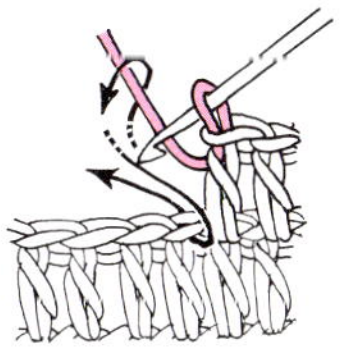

1 先在钩针上挂线，再从前一行的针目中入针。

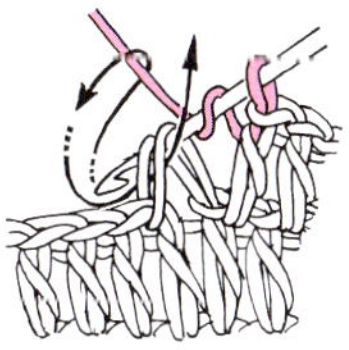

2 再次在针上挂线后引出。

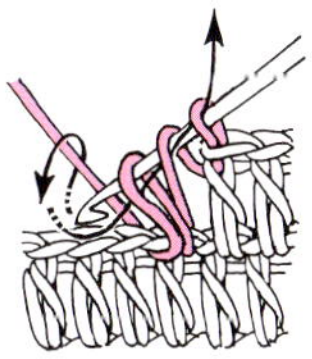

3 再次挂线，从钩针上 3 个线圈中一起引拔出线。

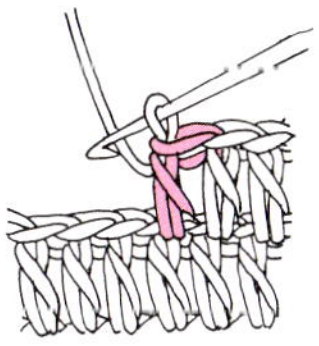

4 完成 1 针中长针。

长针

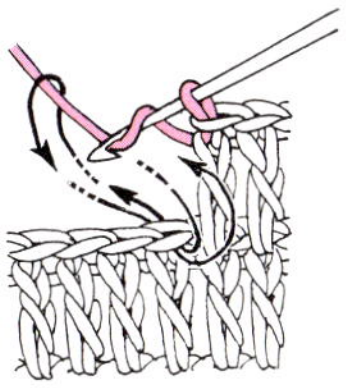

1 先在钩针上挂线，然后从前一行的针目中入针，再次挂线后引出。

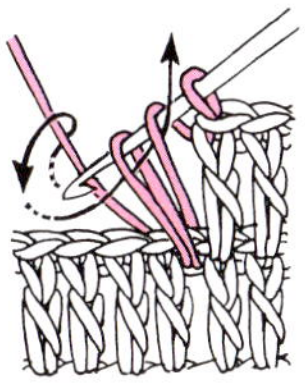

2 按照箭头所示在针上挂线后，仅从钩针上 2 个线圈中引拔出线（称为未完成的长针）。

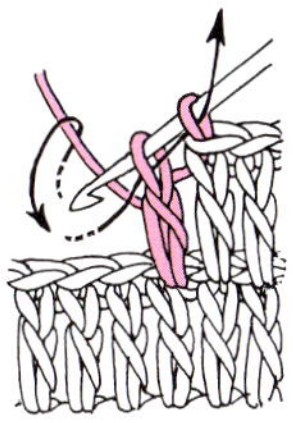

3 再次在针上挂线后，从钩针上剩余的 2 个线圈中按照箭头所示引拔出线。

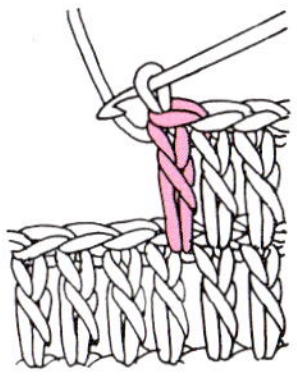

4 完成 1 针长针。

长长针

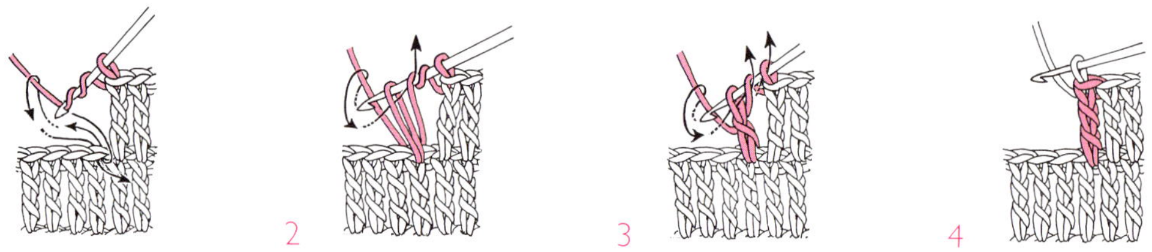

1 在钩针上绕线 2 圈，从前一行的针目中入针，挂线后引出。

2 按照箭头所示在针上挂线，仅从钩针上 2 个线圈中引拔出线。

3 步骤 2 重复 2 次。

4 完成 1 针长长针。

短针 2 针并 1 针

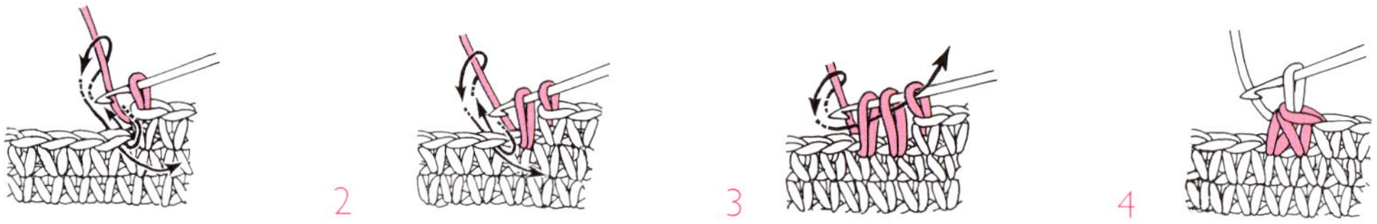

1 按照箭头所示从前一行的 1 针中入针，在针上挂线后引出。

2 下一针也按照相同方法挂线后引出。

3 在针上挂线，按照箭头所示从钩针上 3 个线圈中一起引拔出线。

4 短针 2 针并 1 针完成。图为比前一行少 1 针的状态。

短针 1 针放 2 针

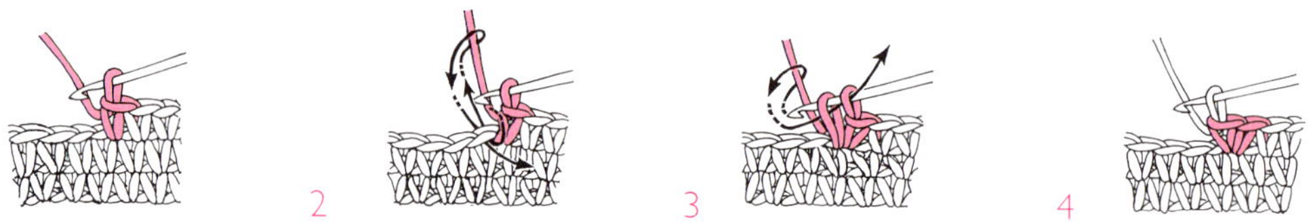

1 编织 1 针短针。

2 在同一针目中再次入针，挂线后引出。

3 在针上挂线，从钩针上 2 个线圈中一起引拔出线。

4 在前一行的 1 针里织入了 2 针短针。图为比前一行多 1 针的状态。

长针 2 针并 1 针

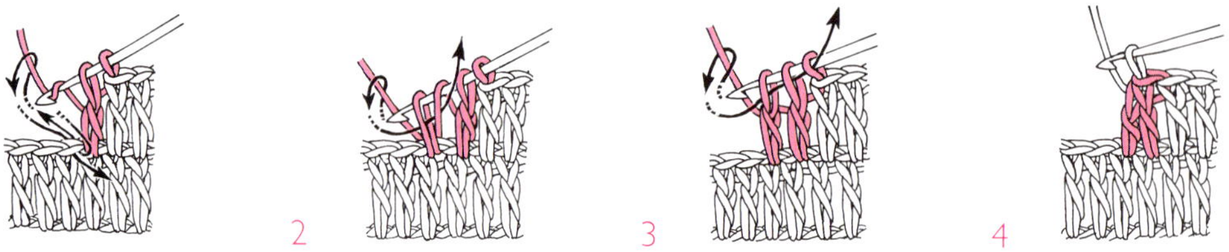

1 在前一行的 1 针里编织 1 针未完成的长针，挂线后按照箭头所示在下一个针目中入针，再次挂线后引出。

2 在针上挂线，仅从钩针上 2 个线圈中引拔出线，编织第 2 针未完成的长针。

3 在针上挂线，按照箭头所示从钩针上 3 个线圈中一起引拔出线。

4 长针 2 针并 1 针完成。图为比前一行少 1 针的状态。

长针 1 针放 2 针

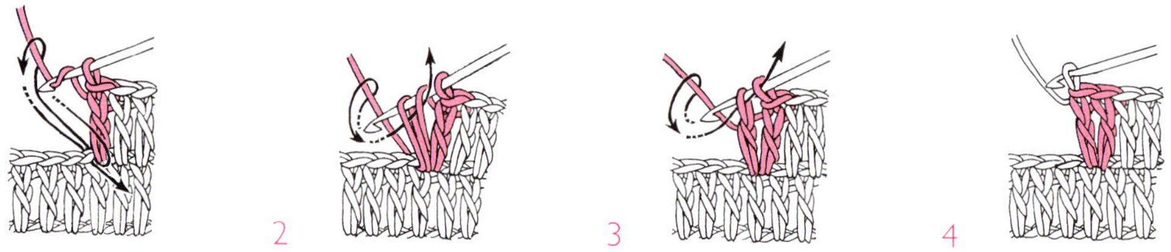

1 在前一行的针目里编织 1 针长针，挂线后将钩针插入同一针目中，再次挂线后引出。

2 在针上挂线，从钩针上 2 个线圈中引拔出线。

3 再次在针上挂线，从钩针上剩余的 2 个线圈中引拔出线。

4 在 1 针里织入了 2 针长针。图为比前一行多 1 针的状态。

长针 3 针的
枣形针

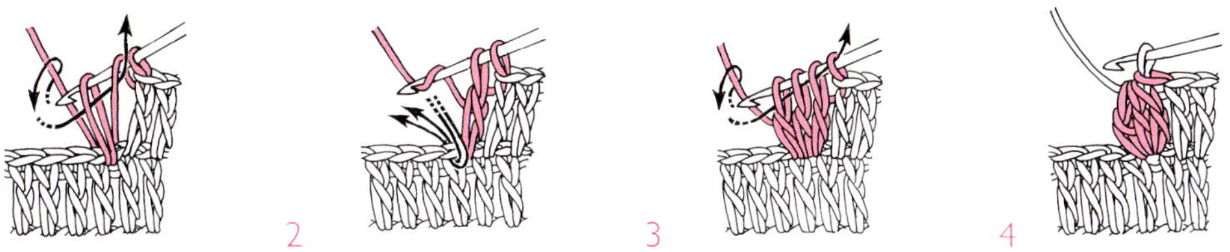

1 在前一行的针目里编织 1 针未完成的长针。

2 在同一针目中入针，继续编织 2 针未完成的长针。

3 在针上挂线，从钩针上 4 个线圈中一起引拔出线。

4 完成长针 3 针的枣形针。

锁针 3 针的
狗牙拉针

1 编织 3 针锁针。

2 在短针头针的半针和尾针 1 根线中入针。

3 在针上挂线，按照箭头所示一次性引拔出线。

4 完成锁针 3 针的狗牙拉针。

短针 1 针放 3 针

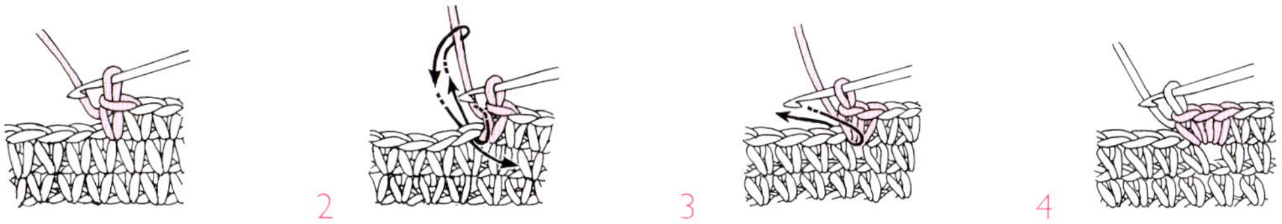

1 编织 1 针短针。

2 在同一针目中再次入针，挂线后引出，编织短针。

3 在同一针目里再编织 1 针短针。

4 在前一行的 1 针里织入了 3 针短针。图为比前一行多 2 针的状态。

短针的菱形针

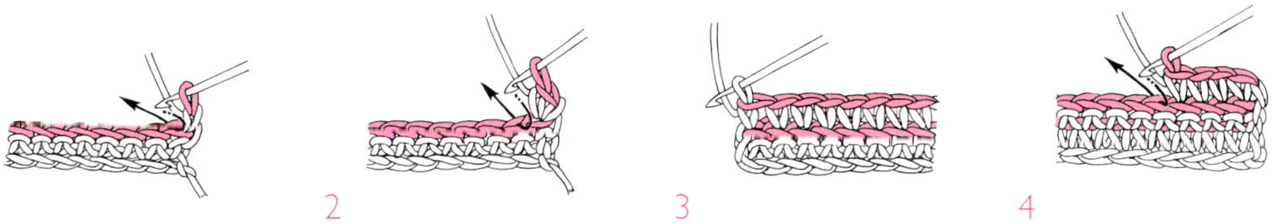

1 按照箭头所示从前一行针目外侧的半针中入针。

2 编织短针，下一针也同样从外侧的半针中入针。

3 织完一行，要变换织片方向。

4 重复步骤 1 和步骤 2，从外侧的半针中入针编织短针。

短针的条纹针

引拔针的条纹针
（括号内为引拔针的条纹针的编织方法）

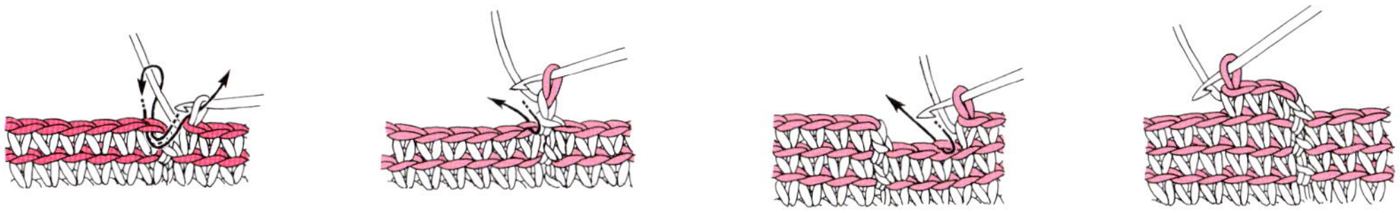

1 看着每行的正面编织。按照箭头所示方向绕转一圈后编织短针，从钩针上最开始的针目中引拔出。

2 编织 1 针立起的锁针（不编织立起的锁针），将前一行外侧的半针挑起，编织短针（引拔针）。

3 重复步骤 2，继续编织短针（引拔针）。

4 前一行剩下的内侧的半针连在一起形成了条纹的样子。图为编织第 3 行短针的条纹针的状态。

反短针

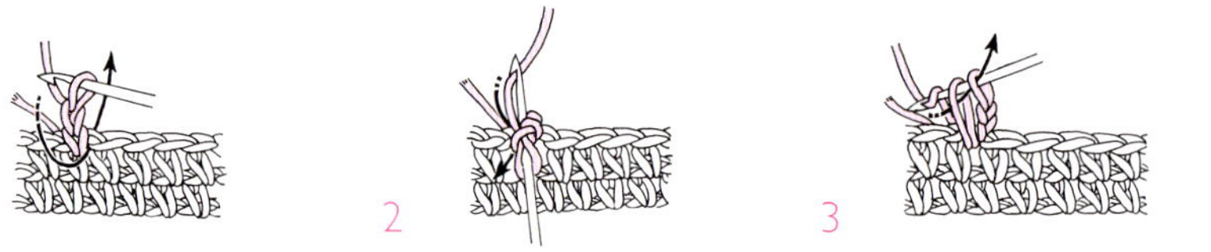

1 编织 1 针立起的锁针，按照箭头所示从前侧将钩针插入前一行针目的头针 2 根线中。

2 在针上挂线，按照箭头所示引拔出线。

3 再次挂线后，按照箭头所示从钩针上 2 个线圈中一起引拔出线。

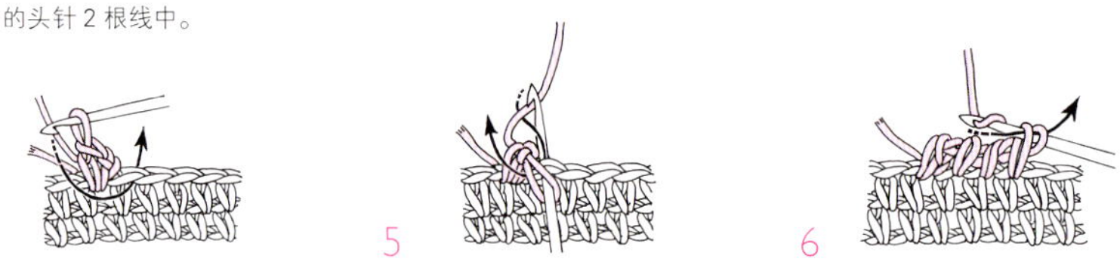

4 按照箭头所示从前侧将钩针插入下一个针目的头针 2 根线中。

5 在针上挂线，按照箭头所示引拔出线。

6 再次挂线，从钩针上 2 个线圈中一起引拔出线。重复此步骤完成反短针。

长针的正拉针

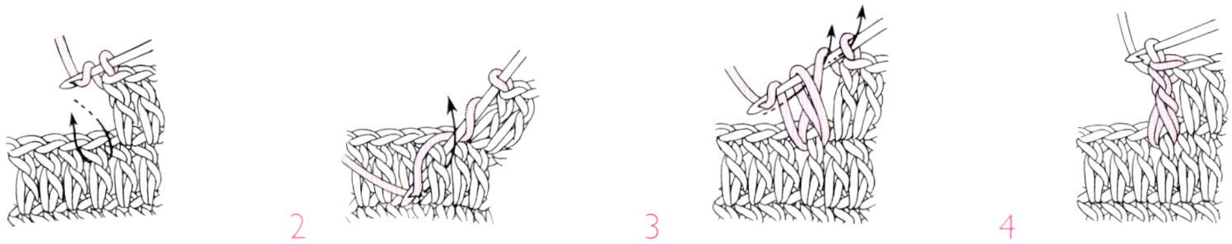

1 在针上挂线，按照箭头所示从前一行长针的尾针前侧入针。

2 在针上挂线，将线拉得稍长一点，按照箭头所示引拔出线。

3 再次挂线后，从钩针上 2 个线圈中引拔出线。再次在针上挂线，一次引拔穿过剩余的 2 个线圈。

4 1 针长针的正拉针完成。

短针的正拉针

1 按照箭头所示从前一行短针的尾针前侧入针。

2 在针上挂线，将线拉得稍长一点，引拔出线。

3 再次挂线后，从钩针上 2 个线圈中一起引拔出线。

4 完成 1 针短针的正拉针。

♥其他基础索引

作者简介

冈本启子

居住在神户，主持 K'sK 工作室。她打破了设计师所掌握的技法的壁垒，以自由的创作理念展开了一系列蕴含各种流行元素的作品创作。她不仅在各地的培训教室、Vogue（时尚）学园、编织讲座进行指导，还受邀提供作品给展览会、厂商、出版社等。作为日本手工艺普及协会理事，她广泛活跃于各种活动中。
最新著作：《温暖亲肤的宝宝编织》小社刊，《成人的生活时尚编织》文化出版局刊。阪急 Umeda（梅田）总店十楼的 K'sK 工作室不仅出售 MONDO 公司的进口线（实体店专卖仅限 K'sK），以及 K'sK 原创的豹纹钩针套装（附豹纹收纳盒），同时还提供以编织为主的设计创作咨询服务。